U0476737

献给两位老师：

乔治·D. 帕兹

GEORGE D. POTTS,

牧场博物学者和卓越梦想家

怀念

约翰·佛雷迪

JOHN FREDIN

导师与好友

（1930—2000）

VAGABONDING

浪游：长时间旅行的正确姿势

（美）洛夫·帕兹/著
韩巍/译

廣東旅游出版社
GUANGDONG TRAVEL & TOURISM PRESS
悦读书·悦旅行·悦享人生
中国·广州

图书在版编目（CIP）数据

浪游：长时间旅行的正确姿势 / (美) 洛夫·帕兹著；韩巍译. — 广州：广东旅游出版社, 2020.8

书名原文: Vagabonding:an Uncommon Guide to the Art of Long-term World Travel

ISBN 978-7-5570-2257-0

Ⅰ. ①浪… Ⅱ. ①洛… ②韩… Ⅲ. ①人生哲学—通俗读物 Ⅳ. ①B821-49

中国版本图书馆CIP数据核字(2020)第097296号

广东省版权局著作权合同登记号

图字19-2019-134

出 版 人：刘志松

责任编辑：龙鸿波 林伊晴

封面设计：壹诺设计

内文设计：谭敏仪

责任技编：冼志良

责任校对：李瑞苑

浪游：长时间旅行的正确姿势

LangYou:ChangShiJian LüXing De ZhengQue ZiShi

广东旅游出版社出版发行

地址：广州市越秀区环市东路338号银政大厦西座12楼

邮编：510060

邮购电话：020-87348243

深圳市希望印务有限公司印刷

（深圳市坂田吉华路505号大丹工业园二楼）

开本：889毫米×1230毫米 1/32

印张：7印张

字数：120千字

版次：2020年8月第1版

印次：2020年8月第1版第1次印刷

定价：45.00元

你这供给我气息说话的空气啊！

你们这些使我的各种意识不致散失而又给它们以形态的物体啊！

你这把我与万物包裹在细微而均匀的阵雨中的亮光啊！

你们这些在大路旁被践踏得坑坑洼洼的小道啊！

我相信你们都有着潜在的看不见的生命，

我觉得你们是多么可爱啊，

——沃尔特·惠特曼《大路歌》（*Song of the Open Road*）[1]

---

[1]沃尔特·惠特曼：《大路歌》，赵萝蕤译，重庆出版社，2008。

（1）抛弃有秩序的世界，用一段时间独立旅行的行为

（2）强调创意、冒险精神、认知、简单、发现、独立、现实感、自我依靠以及精神成长的一种自我保有并特别有意义的旅行态度

（3）一种时刻铭记在心并有意在生活中践行的生活方式，这使得自由旅行成为可能

浪游

Vagabonding

序

2004年我用了大概八个月时间环球旅行，这次旅行的经验构成了《每周工作4小时》的基础素材。

从柏林的小巷子到巴塔哥尼亚高原的隐秘湖泊，这次旅行我几无所有，只带了个背包和一个小行李箱。我随身只拿了两本书，一本是亨利·大卫·梭罗的《瓦尔登湖》（当然得有这本了），另一本就是洛夫·帕兹的《浪游：长时间旅行的正确姿势》。

从2005年开始我平均每周都读一到三本书，每年读五十到一百五十本书。

《浪游》始终在我“改变生命的书籍榜单”前十名之中。为什么？因为一次不可思议的旅行，尤其是长时间的旅行，可以永远改变你的生活。《浪游》教会你如何旅行和思考，不单单是某一趟旅程，更是你接下来的整个人生。

在我那本翻得卷边的《浪游》里，每一页都有我的笔记、下划线和荧光亮点，书里既包括如何聪明打包行李、带什么不带什么、去哪里之类的实用知识，也有关于印度哲学的《奥义书》，以及如何从快节奏和被咖啡因驱使下的生活中慢下来的哲学思考。

买来《浪游》之后，我在内封页上用铅笔写下了我的梦想目的地清单，这其中包括斯德哥尔摩、布拉格、巴黎、慕尼黑、柏林和阿姆斯特丹。清单老长了。

根据洛夫的地图和建议，我走遍了清单中的全部地方。得以不慌张、不焦虑地按自己的步调在这些地方一待就是两三个月，这就是梦想成真。

如果你已下定决心改变自己的话，《浪游》里说的一切都能给你带来积极的变化。我在旅行路上一遍遍地读这本书，我意识到旅行不只是要改变外部世界，更是在重塑自身。

这本书完全改变了我的生活，我希望这本书也能对你如此。

享受探险。愿你探险无数！

Pura vida（这就是人生啦）。

“Pura vida”是哥斯达黎加人经常使用的语言，字面意思是“纯粹生活”，也意味着“非常棒”和“随缘啦”。

蒂姆·菲利斯

如何使用本书

很多旅行书都能帮你在海外旅行之前做好准备，但本书——通过分享一种简单但已经受时间验证的道理，教你如何在剩余的生命里旅行。有的书提供冗余的百科全科式的旅行信息，这会让人产生幻觉，认为准备一场长时间旅行最好的办法就是要事无巨细地准备完全。本书提供的只是你上路前需要的关于准备（以及帮助你适应）的建议，鼓励你去拥抱不确定性带给你的快乐。有的旅行书读过一遍就过时了，而这本书将伴随你的旅行生涯，不断提供新的角度，与你产生新的共鸣。

本书认为长时间旅行并不是逃避，而是冒险和热爱，是战胜恐惧，活出极致的生活方式。

读这本书，你将收获如何通过简约的方式获得不可思议的财富。你将知道如何发现和面对在路上的新体验与冒险。同样，你也会知道如何战胜所有试图贬损你旅行体验的迷思和借口，完成自己的旅行。

如果你曾经有长时间旅行的冲动，但并不知道如何空出时间开始行动，那这本书就是为你准备的。如果你曾经旅行却感到心有所失，这本书也是为你准备的。

这本书并不是给冒失鬼和找刺激的人准备的，而是为那些愿意做出非凡选择，一次花费几周和几个月的时间，在环游世界的路上随机应变（还能省点钱）的人准备的。

如果这看起来还算吸引人的话，那就接着读吧……

一切我标明是我自己的，

你就该用自己的把它抵消，

不然听信了我就是浪费时间。

——沃尔特·惠特曼《我自己的歌》[1]

---

[1]沃尔特·惠特曼：《我自己的歌》，赵萝蕤译，重庆出版社，2008。

如何战胜和影响自己——自我的弱点

不久前，当我乘着一艘老旧的邮船缓慢航行在缅甸伊洛瓦底江上时，手边没东西读了。当船到了一个叫普业的小镇时，我冲上岸，买下我能找到的唯一一本英语书——一本破旧的戴尔·卡内基的《人性的弱点》(*How to Win Friends and Influence People*)。在缓缓驶向仰光的船上，我开始读这本书。

不知怎么，我这辈子都没读过自我励志的书。卡内基的建议看起来就是包装得很漂亮的集常识（“好好听人讲话”）、建议（“尊重他人的意见”）以及古老智慧（“不要忘记女人有多爱衣服”）为一身的混合体。在江上读完书后，我在仰光把书送了人，便忘了这事。

大约一个月后，有人要我写本关于长时间旅行的艺术和态度的书。因为我之前主要是把浪游之道以独立故事的方式写进沙龙网站（Salon.com）里，所以我觉得我应该对专门给人提建议的书籍做些结构和格式上的研究。就这样，在试图找回一本《人性的弱点》的过程里，我发现自助类图书市场已经和卡内基的时代大不相同。看起来几乎人类的每个行动、欲望和年龄阶段都会为某些励志书籍所用。“心灵鸡汤”系列和“别再为小事抓狂”系列都在书店里有自己的专区。

我站在书架之间，被如此多种类的书籍搞得手足无措。我开始想象一个浪游出版帝国：不只《浪游》这一本，还有《青少年浪游》《单身者浪游》《爱打高尔夫人士的浪游指南》《带着衣柜浪游》《十周浪游食谱》《浪游圣诞节》《婴儿的首次浪游》《101道浪游兴致食谱》《当我浪游时我真正需要知道的事》等等。

最后，我没拿一本书就离开了书店。我决定只能按我知道的唯一方式来写书，那就是从经历，从热情，从常识去写。如果有时候这本书看起来不那么正统，那么好吧，浪游本身就不是件那么正统的事。

至于浪游（vagabonding）这个词，我以前觉得这是我的发明。那还是1998年我第一次向沙龙网站提议开一个探险旅行专栏的时候。那时候，我需要一个简洁的词来描述我在做的事：在一段时间里离开循规蹈矩的世界，用节省的方式旅行。“背包旅行”似乎描述得太模糊，“全球漫步”又有点太装了，“旅游”又太弱了。于是我就对“vagabond”这个衍生自拉丁语的词做了点变化，这个词的原意是“居无定所”的漫游者，于是就有了“vagabonding”这个词。

我几乎都已经确信是我再造了这个词语，并赋予其一种特定的旅行态度。可后来我在以色列特拉维夫的二手书店找到了一本卷边的老书，名字叫《浪游在欧洲和北非》（*Vagabonding in Europe and North Africa*）。这本书的作者是美国人艾德·布林，这本书不仅在我的网上旅行专栏之前出版，而且出版时我甚至都还没出生。尽管偶尔有着嬉皮士时代的用语（“就像躲警察那样撇开你的旅行代理，完全靠自己去探索世界吧”），我发现这本《浪游在欧洲和北非》是在“前《孤独星球》”时代对独立旅行不错的建议和理念集锦。就这样，即使找到艾德·布林的书也变得不那么丧气，而是有了积极的一面。这让我意识到，无论你如何命名，浪游的行为都不是孤立的潮流，借用美国作家格雷尔·马库斯的话说就是“隔着时空，光谱连接的人们却说着相同的语言”。

从那以后，我追溯“vagabonding”这个词到1871年马克·吐温的《苦行记》（*Roughing It*），但我却从没在字典里找到这个词。换句话说，这就是一个生造出来的专用语，专门用来形容一种旅行现象，从沃尔特·惠特曼写下“我和你口袋虽无分文，却能购买世上一流商品”时就有了。

就这样，我把浪游的概念部分植根在胡言乱语之中，把它呈现成一个尚未决定、悬而未明、如同旅行经验一样可以自由阐释的词语。

所以当你们开始读书时，要记住武术大师李小龙曾经说过的“用自身的体验去找寻真理，吸取对自己有用的，增添特别适合自己的东西，一个不断地在创造的个体比任何一套招式或系统更重要”。

上路吧，浪游也是同样的道理。

目录

Vagabonding

第一部分

浪游

第一章：宣布独立

从这时开始我要命令自己摆脱羁绊和想象中的界线，
去我愿意去的地方，完全而绝对地成为我自己的主人，
倾听他人，慎重地考虑他们说的话，
逗留下来，搜索，接受，思考，
温和地，但是怀着不可否认的意志，自己解开束缚我的拘束。
——沃尔特·惠特曼《大路歌》

在所有电影金句里，我对一句话印象深刻。这句话不是来自夸张的喜剧、圈内人的科幻电影，也不是来自特效镜头无数的惊悚动作片。这句话来自奥利弗·斯通的电影《华尔街》，是当处在上升期的股市大鳄查理·希恩向他女朋友讲述他梦想的时候。

他说的是："我想如果我可以在30岁前挣到一大笔钱并离开这个喧嚣之地的话，我就可以骑着自己的摩托车横穿中国了。"

几年前当我第一次在视频上看到这段话时，我几乎震惊得要从座位上摔下来了。毕竟，查理·希恩或者任何人都可以去当八个月的马桶清洁工，然后就可以实现骑摩托车横穿中国的梦想。即使他们没有自己的摩托车，那再干几个月刷马桶的活也能给他们挣到足够的钱到中国买辆摩托车。

问题是大多数美国人很可能并不觉得这幕戏奇怪。到远方长时间旅行就好像重复出现的梦想，充满异国的诱惑，而我们却不把这想法看成当下可以实现的事。我们把每月的钱花在时尚和其他我们并不真正需要的事上，由着没来由的恐惧，我们限制自己要在短时间内疯狂地完成一次次旅行。就这样，当我们把财富花在一种叫"生活方式"的抽象概念上时，旅行仅仅是一种附属品，就好像我们买衣服家具那样，旅行成了一种磨平了的、压缩过的经历。

不久前，我读到一则故事，说去年（2001年）大约25万个修道院之旅都是由旅行社中介定下的。从希腊到西藏的精神飞地都变成了旅游胜地，旅行专家将这种"寻求慰藉热"归因为"忙碌的成功人士在寻找更简单的生活"。

当然没有人刻意指出的是，企图通过购买一个这样的打包好的假期去寻求更简单的生活就好像拿着镜子想看自己长什么样，可自己又不往镜子里看。其出售的其实只不过是一种浪漫化的关于简单生活的概念。就好像即使再多的转头或者眨眼都不会让你无意中在镜子里看到自己一样，别指望会有任何一个一周或者十天的假期能真正把你从在家里过的那种生活里带出来。

最终，时间加金钱的强行结合把我们困在了一种既定模式里。我们越把经历和钱联系在一起，越觉得钱是我们生活最需要的。我们越把钱和生活结合在一起，就越来越确信是因为自己太穷了才买不到自由。在这种思维定式里，难怪这么多美国人认为长时间的海外旅行是学生、反主流的辍学生和有着大把时间的富豪才能做的事。

实际上，长时间旅行和年龄、意识形态、收入这些人口统计变量通通无关，最重要的是个人的展望。长时间旅行并不是说做个大学生，而是说要成为日常生活的学生。长时间旅行不是反抗社会的行为，而是身处社会之中，在常识指导下的行为。长时间旅行不需要“一大笔钱”，只需要我们用一种更审慎的方式行走世界。

这种审慎行走世界的方式一直是历史悠久的旅行传统的内在本质，这个旅行传统就是“浪游”。

浪游包括拿出你日常生活中的一段时间，无论是六个星期、四个月，还是两年，按照自己的想法环游世界。

但在旅行之外，浪游是对生活的一种展望。浪游运用了信息时代的繁荣与可能性去增加自身选择，而不是增添身外之物。浪游是在平凡生活中寻求探险，以及在探险中过寻常日子。浪游是一种态度，对人、事和地点的友好兴趣，这能让人探寻到最真切的栩栩如生的世界面貌。

浪游不是一种生活方式，也不是一种潮流。浪游就是看待生活的不寻常方式，一种随着价值判断的调整自然采取相应行动的方式。此外，浪游关乎时间——我们唯一真正的商品，和我们如何使用它。

塞拉俱乐部（Sierra Club）[1]的创始人约翰·穆尔（最初的浪游者）曾经对那些装备十足探访约塞米蒂国家公园，结果几小时就离开的旅行者震惊不已。穆尔将这些人称为“时间乞丐”，这些人着迷于自己的物质财富和社会地位，他们甚至没有时间去真正体会下加利福尼亚山地的荒野之美。1871年夏天，穆尔的一位访客，拉尔夫·华尔多·爱默生，看到红杉树时脱口而出“看到这些树而不想知道更多那就太奇怪了”。但当爱默生几小时后也匆匆离开时，穆尔不无挖苦地猜测这个著名的先验论学者是否真正看到了这些树。

差不多一个世纪之后，博物学者埃德温·韦·蒂尔用穆尔的例子哀叹现代社会的疯狂节奏。在他1956年撰写的《秋天横跨美国》（*Autumn Across America*）的书中，他写到“约翰·穆

[1]塞拉俱乐部，美国的一个环境组织，成立于1892年5月28日。

尔理解的自由，那种时间的财富，无所管束的日子，无边的选择，对每一代新人来说，都显得更加稀少，更加难得，无可触及”。

但蒂尔对个人自由不断失落的哀悼无论在1956年还是今天看来都过于笼统。如同约翰·穆尔认识到的，浪游从不会被变幻无常的大众对生活方式的定义管制住。浪游一直是身处社会之中个人的选择，不停地督促我们去别样生活。

这就是一本活出如此选择的书。

第二部分 开始

第二章：赢得自由

如果你已建空中楼阁，不要忧虑。

高楼理应在空中，你只需补上地基。

——亨利·大卫·梭罗 《瓦尔登湖》(*Walden*)[1]

有个关于沙漠神父的故事，说的是1700年前生活在埃及荒野之上的基督教教士。在故事里，两个分别叫西尔多和卢修斯的教士都有走出去看看世界的强烈愿望。但他们都已发誓全心全意与“神”静观，闯荡世界因此无法成行。为了满足自己的漫游癖，西尔多和卢修斯学会把他们的旅行归入未来以“嘲弄诱

[1]亨利·大卫·梭罗：《瓦尔登湖》，王义国译，北京：燕山出版社，2001年。

惑”。夏天来时，他们对彼此说“我们冬天就走”。冬天来时，他们说“我们夏天动身”。就这么来回50年，却从未踏出修道院，也未违背誓言。

当然大多数人都没发过这样的誓，但我们却像教士般生活，扎在家或者事业上，拿未来当成虚伪的仪式来为当下正名。这样，如同梭罗所说，我们花费“人生中最好的年华挣钱，只为了在最无价值的时候享受令人疑惑的自由”。我们告诉自己说我们要放弃一切探索外在世界，但时间却似乎总是不对。在选择无限时，我们一无所选，安于生活，我们执着于日常确定的安居乐业以致忘了我们最初为什么想要安定。

浪游就是要让你获得勇气，勇敢地对这个世界所谓的确定性放手。浪游就是拒绝只有在看起来更适合的时候才去旅行。浪游就是主动把握生活，而不是被动等待生活决定你的命运。

所以，无论怎么浪游还是何时开始浪游都根本不是问题。浪游从现在开始。即使真正踏上旅程的场景还有好几个月或者好几年，但从你停止找借口，开始存钱，开始心痒痒地看地图的那一刻起，浪游就开始了。从这一刻起，随着你调整世界观，开始拥抱真正旅行本就具有的不确定性时，浪游就变得更为清晰。

这样，浪游就不只是打疫苗和收拾行李这样的仪式。它成了持续不断的寻找和学习的练习，直面恐惧、改变习惯、重新发现人和目的地的魅力。这个态度可不是你在机场柜台拿着登机牌就能获得的，这是你在家就开始的一个过程。最初的小心如果一个人充满自信地在他的梦想的方向上前进，并努力过着他所想象到的那种生活，那么他就会遇见在普通时刻里意料不到的成功。他将把某些事情置于身后，将跨越一个看不见的边界；新的，普遍的，而且是更为自由的法律，将围绕着他并在他的内心里把自己确立起来。

——亨利·大卫·梭罗《瓦尔登湖》

翼翼将会带你走向广阔天地。

在这个过程中，你甚至觉得你还没准备好浪游所要求的不确定性和随机应变。就像艾德·布林四十年前直率说出的“浪游可不是用来安慰卑劣之徒，那些一知半解又不愿与人来往的人或者在游泳池边的脆弱心灵，这些人脆弱的信仰绝对受不了浪游随之而来的各种问题”。说这些话的布林可不是一个高傲自负的人。毕竟浪游少不了牺牲，而这种特有的牺牲并不适合每个人。

所以需要铭记在心的是，你可不应该因为模糊的潮流或者感到有义务就去浪游。浪游不是种社交姿态，也不是道德高地。它可不是个无缝衔接的十二步骤“正确旅行”大法，也不是要求重构社会的政治声明。浪游只是个人行为，需要的只是对自我的修整。

他们说本质上人是欲望构成的。欲望在哪，信仰就在哪。信仰在哪，工作就在哪，工作是什么，他就是什么。

——《奥义书》（*The Supreme Teaching of the Upanishads*）

如果你不愿意修整下自我（当然，如果你觉得环球旅行也不是打发好时光的办法的话），你当然可以把浪游让给那些受到感召的人去体验。

好玩的是，衡量你是否有浪游进取心并不在于旅行途中，而是在那个为去旅行赢得自由的过程里。赢得自由当然需要工作，工作对浪游来说无论从精神上还是财务上都不可或缺。

从心理上来说，要了解工作的重要性，人们只需要看看那些花家里钱环游世界的人就可以了。这些人被称为"富二代"，他们显然是旅行世界里最不快乐的人群。他们快速穿行在一个个异国旅行点上，穿着当地时兴的装束，强迫自己参与当地政治事务，沉迷于异国美酒，涉足任何非西方的宗教。和他们聊两句，他们会告诉你他们在找寻"有意义"的事。

然而他们在找寻的其实是自己为什么最初开始旅行。因为他们从未为自身的自由工作，他们的旅行经历没有什么个人色彩，也不会给他们的余生带来什么影响。他们花费大量时间和金钱在路上，但从未足够投入。因此，他们旅行经历的价值是在减弱的。

梭罗在《瓦尔登湖》里也触碰了同样的话题。他提了个疑问："一个孩子自己挖出铁矿石，自己熔炼它们，把他所需要知道的都从书本上找出来，然后做成了一把折刀。而另一个孩子则是从父亲那儿得到一把洛杰斯牌折刀的。一个月之后，哪一个孩子进步得更快？又是哪一个孩子会被折刀割破手呢？"

确实，在某种程度上，想到自由总要和劳作绑在一起总有点让人沮丧，它本不应如此。对所有在遥远土地等着你的神奇经历来说，最"有意义"的旅行部分永远始于家中，始于你对这些即将到来的意外的投资。

"我不喜欢工作"，在约瑟夫·康拉德的小说《黑暗之心》（*Heart of Darkness*）中马洛这样说道，"但我喜欢工作的本质——发现你自己的可能。"马洛说的不是浪游，但道理相通。工作不是只提供资金和欲望的活动，而是浪游酝酿期。这段时间里你收拾好自己，开始做计划，然后行动。工作就是开始畅想你的旅程并将其记录下来的一段时间，工作也是一段你可以用来整理自己的时间。工作就是要你直面那些你在其他时候会回避的问题。工作就是让你怎么处理好财务和感情上的债务，这样你的旅行就不是从你的真正生活里逃脱，而是发现你真正的生活。

在实践层面，有无数种方式可以让你获得旅行的时机。在路上我遇到过各个年纪的浪游者，他们背景各异，生活也大不想要去旅行体现出一种积极态度。你想要通过经历去见世面和成长，还可想象旅行之后，变成更加完整的人。而浪游不止于此：它促进维持和增强这种积极态度的可能性。身为浪游者，你现在就要直面恐惧，而不是为了方便对问题退避三舍。你的态度让生活更值得过，这也让你更想保有如此态度。这叫积极反馈，非常有用。

——艾德·布林《浪游在欧洲和北美》

相同。我遇到过秘书、银行家、警察，他们辞掉工作在开始新生活之前开始漫游。我也遇到过律师、股票操盘手和社会工作者，他们在前往新地方工作之前腾出好几个月时间。我见到过服务生、网络设计师、脱衣舞娘这些有才华的专业人士，他们发现几周工作挣得的钱就可以足够支撑数月的旅行。我遇见过音乐家、卡车司机和职场规划师在工作间隙进行长时间的旅行。我遇到过半退役的士兵、工程师和商人，他们在做其他事之前攒下一两年专门用来旅行。我最常遇到的一些浪游者就是季节性工作者——木匠、公园服务工、商业渔民，这些人每年冬天都生活在世界上温暖的异域他乡。其他浪游者像老师、医生、酒保、记者，他们在路上看着时机成熟就重操旧业。

很多浪游者没有固定的工作，他们接受短期的职位，只因为它们可以资助自己的旅行和热情。在道格拉斯·库普兰的代表作《X时代》(*Generation X*)里，他将这种工作叫做“反休假”——这种工作“唯一目的就是待一段有限的时间(通常是一年)，攒够足够的钱去投身另一件对个人更有意义的事”。在我从事写作之前，一系列的“反休假”职位(市容清洁、零售员、临时工)帮我赢得了我的浪游时间。

但在所有资助我旅行的反休假工作里，在韩国釜山做了两年英语教师的经历最值得一提。通过工作，除了学习了一大堆亚洲社交礼仪之外，我发现简单的走路去上班这件事就有各种可能性。在韩国的一天，迎接我的既可能是一个穿着乔丹球鞋的僧人，也可能是一个穿着管家制服派发促销厕纸的妇女。后来，像孩子们尖叫喊着“Hello”、老人们当街小便、运蔬菜的卡车喇叭唱着《雪绒花》之类的细节都不能引起我的特别关注了。这份工作做了两年，我哼着《加州之梦》的小调和发工资的督导以及一屋子17岁穿着超短裙卡拉OK“女服务生”对抗无聊。另外要说的是，这份工作报酬相当不错。

无论你如何资助你的自由旅行，要记住你的工作是旅行态

我们需要逃离的可能就像我们需要希望一样，没有它城市里的生活将会让人要么犯罪、要么吸毒、要么就精神失常。

——爱德华·艾比 《旷野旅人》(*Desert Solitaire*)

度的积极部分。即使反休假工作并不是你的人生使命，对待工作也要有精神信仰、用心和节俭。这样，梭罗才可能每年只工作6周就可以支持一整年在瓦尔登湖的生活。但因为浪游比梭罗的哲学撰稿需要更多的投入，你也许要花更多时间才能攒够你的旅行资金。

无论你为自由花了多长时间，记住你的努力付出获得的比一个假期多多了。

假期说到底也只是工作的奖赏而已，浪游却让工作变得高大上多了。

说到底，浪游的第一步很简单，工作是为个人兴趣服务，而不是反过来。不管你相不相信，这种看法已经和大多数人如何看待工作和休闲有巨大差别了。

几年前，杂志编辑乔·罗宾森牵头了一项请愿活动——“为生活而工作”。这项运动的目标就是要通过一项法律：美国人工作满一年后假期增加到三周，工作三年后增加为四周。这场请愿的理由是美国人过于注重工作，日复一日的工作，每年要工作11个半月。“工作最大的伤害就是我们的时间”，罗宾逊说，“我们曾在六年级时有大把时间，那时墙上的钟似乎永远不走。”

罗宾逊发起的运动很有价值，在草根阶层广获支持（在企业圈则是广受抵制）。但在所有宣传中，我发现没有人可以一针见血地说出不言自明的事：作为稳定繁荣的民主政体公民，在联邦法律和企业规章之外，我们每个人都有权利去创造属于自己的自由时间。确实，如果现在的时钟走得比六年级的课钟快，那只是因为我们没能行使成年人的权利去自行设定属于自己的休息计划。

要行使这项权利，哪怕只有几周或几个月，我们只需要使出那有着历史传统的个人自由大法——“我不干了”。尽管这说得轻巧，但辞工并不需要那么莽莽撞撞。很多人都可以通过“建设性辞职”获得浪游时间，这只要和他们的雇主谈判，要求获得特别的休假和长时间的离职。

即使永久离开你的工作也不是一项负面行为，尤其是现在这个工作细化的时代，很多工作都在强调专业化和分工。也许100年前，工作的目的是辞工的想法显得不可理喻，但在如今便携式的技能和就业选择多元化的时代，这已经渐成工作常识。记住这句话，别担心你的长时间旅行将会在简历上“留白”。相

在青少年时期，我们很多人都渴望开始一段遥远的异国冒险。有雄心壮志事实上是青少年的特质……因此，当我们纵情想象，就像我们曾经那样，我们会发现，如果我们现在不启程，我们将永远不会这样做。我们余生会被这些未实现的梦想所困扰，因为我们对自己犯下了严重的罪行。

——蒂姆·卡希尔

《异域风情让我做到了》(*Exotic Places Made Me Do it*)

我站在你们之中透露的是一点希望的信息，首先，总有人敢于探索社会的边际，他并不依赖社会接纳和社会规则，而更愿意以一种自由飘浮的状态生存。

——托马斯·莫顿

《托马斯·莫顿亚洲札记》（*The Asian Journal of Thomas Merton*）

反，你应该充满热情并毫无愧意地在你回来时把浪游经历放进简历之中。把旅行交给你的工作技能列出来：独立、灵活性、谈判技巧、规划、大胆、自我赋能和即兴发挥。坦率而有自信地谈论你的旅行经历，很可能你的下一位雇主会很感兴趣并受到触动（也许还有些嫉妒）。

如皮科·艾尔所说，辞职行为“并不是放弃，而是前行，转换方向并不是因为事情你做不好，而是你不认可这些事。这并不是抱怨，换句话说是明智的选择，并不是旅程的停顿，而是向更好方向迈出的一步。无论是辞掉工作还是戒掉习惯，那都意味着转弯是要确信你仍然行走在梦想的方向上”。

如此看来，辞工去浪游不应视为怨恨和不开心的终点。而是开启新鲜惊奇旅行的重要一步。

海外危险

海外旅行是否安全是当下潜在浪游者面对的最大问题之一。

对此最简短的回答是，从统计数据上看，环游世界并不比你在家乡旅行更危险。确实，在家旅游的大多数危险和路上的烦心事大都来自生病、偷窃和事故（见第七章），而不是政治暴力或者恐怖主义。

政治暴力或恐怖主义往往能上新闻头条，但要避免这些不是取消旅行计划而是让自己知晓。比如，仅仅因为晚间新闻报道了在黎巴嫩南部难民营的骚乱，并不一定意味着去贝鲁特、加利利（或者去黎巴嫩南部的其他地区）就很危险。同样，晚间新闻也许习惯性地忽视西非的政治局势，这并不是说去塞拉利昂或利比亚旅行就很安全。很显然，你对目的地的规划和信息监控需要超越晚间新闻的内容，在线资源如美国国务院的旅行警告就为世界上任一地区的当下安全形势提供了很好的评估起点信息。

即使你在旅途中发现自己突然身处危险区域，确保安全的关键是和本地人交谈，知道具体的风险在哪里，光顾家庭经营的商店（政治袭击永远不会将此作为目标），避免大声喧哗或者光彩闪亮的穿着（这包括对宗教和政治的教条辩论）。而且为了避免被闹事者盯上，不要开启明显的游客模式。简单说，低姿态的参与式浪游带来的自然是更安全的旅途。如果特定地区的安全局势尤其紧张，那就更要避免去专门针对外国人经营的酒吧、咖啡馆这些地方闲逛，远离公开抗议的人群（这也包括一小拨喝醉的人和煽动人群），不要向陌生人透露你的旅行计划或者住宿安排。

最后的建议是，要知道世界上大多数人都没把你看成政治实体或者“邪恶撒旦”的门徒，而是把你视为他们国家的客人。即使他们强烈不认同你母国的政策和行为，一般也都会尊重你的独立性，尊重你的同时以好客之道待你。当然，看晚间新闻的你是永远猜不到这些的，旅行让你获得了大众传媒永远无法赋予你到世界各地的细微差别体验。

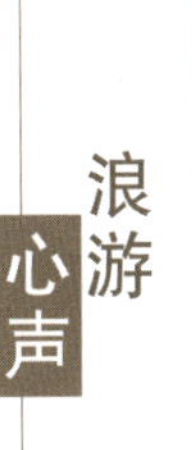

对生命中所有重要的事来说，时机永远不对。等个好时候辞职？怀个孩子？来个梦想之旅？很遗憾，人生交通灯不会同时都变绿。条件永远不会完美。“总有一天”（总有一天我会做这个，总有一天我会做那个）是种病，它将你的梦想带入坟墓。以前我最爱做的事是列得失表，这同样坏透了。如果这件事对你重要，你也最终想完成它，那就去做吧，在路上矫正方向吧。勇者天佑。

——蒂姆·菲利斯，38岁，作家，圣弗朗西斯科

我的小弟问我，在糟糕的经济环境下离开稳定的工作两年和背包独自横穿印度、泰国、柬埔寨和越南这两件事，我更害怕

做哪件？在那一时刻，我感觉心脏停跳了一下。即使着手开始东南亚探险在那会儿显得不大可能，这个想法也让我种了草。是该决定跟着信仰前行了，那会儿我就知道该做什么了。随后我提前两周交了辞呈，因为我知道最后一定搞得定。

——卡西迪·阿米克，29岁，广告主管，亚利桑那州

当第一次跟亲朋好友说我们计划带上孩子们用一年时间环游世界的时候，人们对我们侧目而视，我们饱受质疑。但我们坚持下来了，我们的积极和热情很快赢得了大部分朋友的支持。可别让别人把你自己环游世界的梦想给说没了。实际上离开是比环游世界更难的事。出发吧！

——安·范洛恩，43岁，教师，西雅图

你的自由大过天。当你决定上路时你就获得了这份自由。当你百分百地为梦想投入，着手去做那些为赢得自由所必要的工作，走进了旅行的新场景时，你已经在路上了。

——詹妮·米勒，39岁，自由撰稿人，加拿大

沃尔特·惠特曼

(Walt Whitman)

走吧！不管你是谁，跟我同行吧！

——沃尔特·惠特曼《大路歌》

如果浪游有守护神的话，那就应该是19世纪的诗人沃尔特·惠特曼，单凭那首对旅行精神充满感召欢乐的颂诗《大路歌》，惠特曼封神那是当仁不让。

惠特曼1819年出生于纽约的工人阶级，11岁就就开始在办公室工作。先后在办公室和印刷厂当学徒工的经历，让惠特曼培养了自我教育的热情和从日常寻常生活中发现不寻常美的眼光。惠特曼最终成为一名记者，但他生命的真正作品却是《草叶集》，这是一部关于自由精神的诗卷，当1892年惠特曼去世时已经写了超过300多首。

年轻时，惠特曼每天都要从布鲁克林乘渡轮去曼哈顿，这让他把旅行时的生动细节和不寻常的快乐都提炼成长久的赞叹。随后的旅行将惠特曼带往新奥尔良和丹佛这些美国拓展前哨的阵地。正是简单旅行和随之而来的可能性赋予了《大路歌》的内在能量：

不要随意看见任何一个东西，
只看见你们可能达到而超越的东西，
不要设想某一个时刻，
不管还有多么久远，
只设想你们可能达到而超越的那个时刻，
不要随便在哪条路上东张西望，
只注意在你们面前伸展着等待着的那条，
不管路有多长，
它都在伸展着等待着你们，
要认识宇宙本身就是一条大路，
是许多条大路，
是为旅行着的灵魂开辟的大路。

第三章：保持简单

广厦千间，夜眠只需六尺；

良田万顷，每日不过三餐。

——古梵文诗

1989年3月，埃克森瓦尔迪兹号撞上阿拉斯加海岸大陆架，引发美国历史上最大规模的漏油事件。这场起初被视为生态灾难的事件对提升普通美国人的环保意识起了奇效。当电视屏幕上全是被石油呛住的水獭和溺死的海鸥时，环保主义理念引发了全国性狂热。

但是，为了拯救地球，很多美国人并不是减少消费、节约能源，而是购买“环保”产品。节能家用电器在货架上脱销，健康食品销售激增，可重复利用的帆布包在从杰克森维尔（佛罗里达州东北部)到杰克斯洞(怀俄明州)的零售商场都成为时尚之选。信用卡公司从购物狂欢中的利润中拿出一小部分来“改善环境”。

这种购物狂欢和购买健康食品对改善地球的状态作用甚少,但大多数人都在没对自己生活方式做出大改变的情况下感觉好了很多。

对于生活而言,物质消费比对个人投资更重要的观念让很多人认为自己永远不可能去浪游。当我们生活的选择更多围绕着消费选择时,我们就更容易忘记两者之间是有差别的。因此,当我们确信买东西是在世界上唯一能积极发挥作用的时候,我们就宿命般的得出结论认为我们永远不可能富有到购买长时间旅行的经历。

幸运的是,世界也不是消费品。就好像环境保护一样,长时间旅行不是你买来的而是你赋予你自己的。

确实,浪游的自由从不受收入水平所决定,而是通过简单——通过简单而又有意识的决定如何使用现有的收入而获得自由。

同大众刻板印象相反,寻求简单并不需要你出家做僧人、自行采集、狩猎或者干脆变成野人。简单也不是要你必须无条件地拒绝做消费者。简单只需要一点个人牺牲,在消费社会里对你的日常生活和习惯做些调整。

有时,拥抱简单最大的挑战是随之而来的模糊孤独感受,我们的原始文明产生了许多需求……先人锻造了义务和习惯的镣铐，虽然我们夸耀自由，但又被这些镣铐捆绑，这样一环又一环身处绝望中的我们，呻吟着制定医疗法案来缓解痛苦。

——约翰·穆尔

《志趣相投的灵魂》(*Kindred and Related Spirits*)

这是因为在追寻狂热的大众文化世界里，个体的牺牲并不会引来太多的关注。

作为文化符号的杰克·凯鲁亚克就是很好的例证。身为颇有争议的美国20世纪浪游者中最出名的人物，在《在路上》(*On the Road*)和《孤独旅人》(*Lonesome Traveller*)中，凯鲁亚克生动抓取了浪游者的顿悟精髓。在《达摩流浪者》(*The Dharma Bums*)书中，他写到和一群人快乐生活，这群人充满喜悦地忽视“消费生产的大众需求。因为获得这种消费特权，人们得要为了这些其实他们并不真正想要的垃圾工作……它们总会在一周后出现在垃圾场，所有的一切都在工作、生产、消费这个系统中客观存在”。

然而凯鲁亚克除了对物质生活一切从简，他也发现他的个人生活和旅行生活方式很快就笼罩在一个更为时尚也更有市场的公众视野之中。敞篷汽车、爵士唱片、大麻，以及随后问世的GAP卡其裤，最后都成为他和尼尔·卡萨帝在《在路上》书中寻找的神秘“玩意”。

就像老友威廉·布洛斯在他去世多年后所说，凯鲁亚克的部分奥秘和他那个“开100万间咖啡馆向男男女女卖100万条李维斯牛仔裤”的想法分不开了。

当然在某种程度上，咖啡馆、敞篷车和大麻都是让凯鲁亚克的读者觉得旅行充满吸引力的部分原因。这是市场营销的功效（无论是否刻意）。但这些对凯鲁亚克来说，都不是让旅行成行的原因，而是因为他知道，自我和财富都不能用消费或者拥有多少来衡量。据他观察，即使身处社会边缘被践踏的灵魂也有富豪没有的东西：时间。

“财富”并不一定让你变得富有这个观念在社会形成以来就已存在。古老的印度《奥义书》中轻蔑地提到“财产让人们困住自身进而沉沦”；古希伯来手稿宣称“爱钱的人永远不会有足够的钱”；耶稣认为一个人“得到全世界却失去自身”是毫无意义的，而佛祖指出在物质欲望中寻求幸福就和“因为香蕉树结不出芒果而煎熬”一样荒谬。

尽管有着几千年来的神明告诫，社会强制力仍然是压倒性的，你甚至可以认为这是舆论一致产生的疯狂，就是要富有的生活而不是富有地生活，去“好好工作”而不是好好生活。尽管美国以盛产不幸福的富豪闻名于世，我们中的大多数人都认为只要再多一点点钱就可以把生活扶上正轨。抽奖和福利彩票就从此我不再要求幸福，我自己就是幸福。
从此我不再低声哭泣，不再迟疑，不再需要什么。
——沃尔特·惠特曼《大路歌》

像是救世主式的现代生活隐喻，外部的机缘巧合会把我们从财务焦虑中拯救出来，从此一劳永逸。

幸运的是，我们出生就带着获胜的彩票，当我们行走世界时改变步履节奏就可以轻易兑现彩票。浪游大师艾德·布林这么解释："通过转向一场新的游戏（这里我们说的包括浪游），时间是你仅有的财富，每个人与生俱有，人人都同样富有。为了生存当然需要钱，但是时间才是你生活所必须的。因此，少量存钱满足基本的生存需要，然后花大把时间去创造生命的价值才划得来。明白了吗？"

明白。最好的部分还有当你花费大量时间培育自己的未来时，你同时也在为个人成长播种，等到旅行世界时将逐步开花结果。

为了浪游简化生活比听起来要稍微简单些。这是因为旅游从本质上就要求简单。如果你不相信这点，那就回家尝试把你拥有的一切都塞进背包里试试。那是不可能成功的，无论你在旅行可以是某种移动的修道：在路上，我们通常都过得更简洁，身上只有自己能拿得动的东西，把自己交给机遇。这就是加缪说“旅行的价值在于恐惧”真正想表达的意思——换句话说，旅行是颠覆（或者是释放），把我们从生存的环境和假身其后的所有习惯中释放出来。

——皮科·艾尔《我们为什么旅行》(*Why We Travel*)

家多么勤俭生活，你都不可能用旅行所要求的最小规模的极简需求配置生活。你可以在家的时候把减少和简洁变成一个动态过程。这在多个层面都很有用：不仅能帮你节省旅游的钱，还能让你意识到你在财富和日常生活方面是否已足够独立。这样做就帮你准备了上路的心态，也让旅行变成你在家做出的生活选择的动态延伸。

就比如说放弃喝咖啡，简化生活需要一段辛苦的消费者抽离期。幸运的是，触手可及和颇有回报的长期目标会随着旅行目标的临近来帮助你减缓不适。随着时间流逝，当你收获简单的莫大好处时，你会好奇怎么一开始你竟会过那样混乱的生活。

就最基础层面而言，有三种简化生活的方式：停止扩张、在常规内生活和减少混乱。这个过程最简单的部分就是停止扩张。这是说为了浪游，无论物品有多么诱人，你都不需要给生活添加新物。自然而然地，这一原则也适用于买汽车和家庭娱乐设施，也适用于购置旅行物品。确实，人们在准备浪游时犯下的最大的错误之一就是购买旅行装备：净水过滤器、睡袋、精品睡袍等等。而实际上，浪游在最少的装备下过得最舒服，即使是好几年的旅行，除了耐穿的鞋和靠得住的旅行书包或背包之外所需不多。

当你控制住生活的物质扩张时，也应该控制每周开销，受点苦免去那些不需要的支出。简单地说，这需要更谦卑的生活（即使你心高气傲），然后把省下来的钱投入旅行基金之中。比如，不在饭馆吃饭而选择在家里做饭，带午饭去上班或上学。不再去夜店排队或出去看电影去酒吧，而是在家和朋友或家人一起娱乐。当你有机会戒掉一个昂贵的习惯时，那就抓住机会戒掉。你省下来的钱将会在旅游时派上大用场。我这样做了，吃了很多腊肠三明治（错过了垃圾摇滚时期的西雅图夜生活），省出了大学之后浪游的钱，八个月时间自由行走在北美大陆绝对物有所值。

也许最有挑战的就是减少混乱，舍弃你已拥有的。就像梭罗所说，在赢得自由改变人生中最重要的一步就是舍弃，他在《瓦尔登湖》中写到“我还想到了那些看似富有，但实际上却是所有人中最为贫乏的一类人，他们积累了大量杂乱低劣的生活碎屑，但不知道如何使用或摆脱它们，就这样，他们为自己铸很多人都违背自身喜好大手笔花钱，这样做只是因为他们认为有好车、有钱，能去好餐馆吃饭才能获得邻居们的尊重。实际上，对任何买得起车但更喜欢旅行或者去图书馆的人来说，到头来他们获得的尊重要远高于那些随波逐流的人。

——伯特兰·罗素《幸福之路》(*The Conquest of Happiness*)

造了黄金和白银的枷锁”。

当你计划旅行时，你的个人状况决定你该如何减少“生活碎屑”。如果你还年轻，很大可能是你还没有积攒足够多的阻挡你的碎屑，这就是为什么这么多浪游者都是年轻人的很大原因。如果你没那么年轻，你可以再造年轻时无忧无虑的环境，只要把与你基本生活无关的物件舍弃就好了。车库售卖或者网上拍卖可以大大减少你生活中的混乱，同时还能让你多点旅行启动资金。有房的人可以通过出租房屋赢得旅行自由；而租房住的人可以把那些阻挡他们去另一地方的物品卖掉、储藏起来或者借给别人。

有关生活简化的一个附加考虑是债务。就像劳若·李在《神佑》(*Godspeed*)书里挖苦说的那句话一样：“城市里满是那些因为买牛油果色家具而每个月被还款缠住的人。”如果有可能的话，不要让牛油果绿家具或者其他沉迷之事主宰你的生活，驱使你踏入生产—消费的循环。如果你已负债，工作还清债务然后远离债务；如果你有按揭或其他长期债务，想办法在长时间内可以使得自己独立起来，比如把房出租出去。不受债务负担可以让你的浪游有更多的选择。

也因此，你有更多的生活选择。

当你简化生活，期待花费这笔时间财富时，你的朋友和家人很可能对你充满好奇。一方面，他们对你即将的探险都非常热情。但另一方面，他们也会将你不断获得更多的自由视为对自己生活方式的微妙批评。因为你崭新的世界观也会让他们的世界观受到质疑，至少让他们用新的角度审视这些价值观，他们也许说你不负责任或自我沉迷。让他们说去吧。就像我之前说的，浪游不是意识形态、治疗社会病态的药膏或者社会阶层的象征。浪游过去是、现在是、未来也一直会是出自个人的担当，目标是改进自己的生活，这和旁人不相关而和自身有关。所

在世界上随大流想法生活是很容易的；独自一人时按照自己的想法生活也很简单；但伟大的是那些身处人群之中，却依旧保有独自一人时的完美独立的人。

——拉尔夫·华尔多·爱默生 《自助》（*Self-reliance*）

以，如果你的邻居认为你的旅行傻极了，别花费时间试图说服他们。相反，最好的回答是在浪游过程的无数机会中安静地丰富自己的生活。

有趣的是，对我的浪游生活最尖刻的回应来自旅行途中。有一次，在哈米吉多顿（Armageddon这个地方在以色列，不是那个世界末日的末世天劫），我遇到了一位美国航空工程师，他因为大费周章地争取了5天假期参加特拉维夫的考察团而显得特别高兴，一路上都对此说个不停。当我最终提到我在过去18个月都在亚洲旅行的时候，他看着我好像我抽了他一巴掌似的。“你一定富得流油啊”，他酸酸地说，然后上下打量了我一下补充说，“或者你妈妈爸爸富得流油。”

我尝试跟他解释在韩国教两年英语就能赢得自由，但工程师根本不信。奇怪的是，他不能接受两年任何正经的工作能支持18个月（以上）的旅行。他甚至都没能等到我说出真正的秘诀：在这18个月的旅行中，我每天的生活成本都比他们在美国低得多。

我这样离奇省俭的秘密说起来既不是秘密也不离奇。我只是在旅行途中放弃了不少舒适的享受才深挖出了无限的时间源泉。不住奢华酒店，我在干净有基本保障的旅馆和家庭旅馆睡觉。不做空中飞人，我乘坐当地汽车、火车和拼的士。不在豪华餐馆用餐，我在街边零售店和当地咖啡馆吃饭。有时候，我还步行，在星空下睡眠，在固执的本地房东坚持下免费用餐。

我还很年轻的时候，一位金融家有次问我想做什么，我说“想旅行”。他说：“啊，那很贵的，人得有很多钱才能旅行。”他错了。因为有两种旅行者，一种是舒适的游客，总是身处贪婪花销的氛围之中；另一种是改变自己的人，从日常生活的常规中挣脱，享受那一点点的不方便。

——拉尔夫·贝格诺德《利比亚沙漠》(*Libyan Sands*)

在这场亚洲、东欧和中东地区最终超过两年时间的旅行中，我每晚的平均住宿只花不到5美元，每餐饭不到1美元，1个月的花销很少超过1000美元。

确实，我要的很简单，而且我也不在昂贵的地方逗留，旅行的方式没什么与众不同。实际上，不用说省钱旅行指南的出版帝国，整个多国背包客群体都是在丰富而又便宜的发展中国家旅行形成的。比如你只需要花把车加满油回家一样的钱就可以坐火车从中国的一头走到另一头。只需要一个腊香肠披萨外卖到家的钱，你就可以在巴西吃上一周大餐。在美国任何一个大城市一个月的房租都可以让你在印度尼西亚的海滩上度过一年。更好的是，即使是那些发达国家也有足够的旅馆网络、长途旅行折扣以及露营的机会让你负担得起长时间旅行。

最终，你会发现即使你有更昂贵的选择，便宜的浪游还是你最喜好的旅行方式。确实，简单不仅能帮你省钱并获得更多时间，还能让你变得更具探险精神，迫使你和当地人有更真诚的接触，并使你在新的旅途上追随热情和好奇，获得独立。

这样，无论在家还是在路上的简单，你有了时间去追寻一个内涵更新而又时常被忽视并且无法用任何价格买到的商品：生活本身。

致年长者和家庭浪游群体

从数字上看，大部分浪游者都是18岁到35岁之间还没有孩子的人，但这并不意味着年轻独立是长时间旅行的先决条件。有些最有活力的浪游者恰恰是充满探险精神的年长者和家庭旅行群体，他们拒绝人们对自己的刻板印象，决定为自己出发，探索世界。

老年浪游者

大体上说，本书的所有建议，从选择旅行指南书到和当地文化互动，对年长者和年轻人都一样适用。老年浪游者相比年轻人来说也许偶尔会寻求更多物质享受，但是基本的规则和独立旅行的自由都同样适用。因为大多数文化对待年长者都有不寻常的兴趣和尊敬，老年旅行者总是会在路上享受迷人的探险和友谊经历。不过自然而然地，老年人要留心在旅游区的“特殊关照”（见第六章），这些地方那些肆无忌惮的兜售和专职诈骗者都把老年人视为容易得手的目标。

有些年长的浪游者也许在开始旅行时有点被吓到，因为独立旅行一直都被认为是青年的事。克服焦虑的一个办法是在旅程开始之初加入一个简短的旅行或者“志愿假期”项目。有了对旅行适度的认知以及好的旅行态度，在最初的几天或几周过后你将会在异国文化中对独立旅行变得更有信心。

带着孩子浪游

为人父母本身就是场探险，但这并不意味着你只能把自己限制在家乡那一亩三分地之中。对任何年龄的孩子（尤其是6岁到14岁的孩子），长时期的世界旅行会是无可比拟的教育经历，可以激发孩子们的兴趣和激情。在路上教导子女有时对成年人来说充满挑战，但单单探险和家庭一同浪游的集体记忆就已让这物有所值。

这里说个有趣的省钱技巧：我在家的时候会放弃部分奢侈需求，相应的，我会想象一种我只可能在旅途中拥有的画面。比如不出去吃牛排，我幻想我可以在大阪吃寿司。比如不买新吉他，我可以想象在菲律宾的珊瑚礁带着水肺潜水的画面。想象就是强大的工具，我想象旅途中等待我的所有可能性，而我从没有从口袋里掏出过钱包。

——德里克·奥尔思，28岁，配音演员，佛罗里达

我们欢迎甚至享受扔东西的过程，15年来我们买房、结婚和养孩子积攒了太多东西。出售、捐赠、简单丢弃这些物品都能把你解放出来聚焦到最重要的事情（肯定不是那些物品

上）。我们下定决心不买新东西，然后好好思考了下我们过去是怎么花钱的。

——诺亚·范洛思，45岁，咨询师，西雅图

把车处理掉是我们在家选择简单的基础。不开车在这个富足和充满自我的城市里都显得颇为激进。向邻居和朋友们解释我们新的不开车计划时，我们都没预料到他们羡慕的反应。他们说“真希望我们也能那样”，然后就是一长串的借口：太多活动啦、公共交通太不靠谱了、购物的地方太远了。而对我们来说，我们用唯一一种更亲密的方式了解我们的社区，每天无论心情如何天气怎样，我们都在街区步行，每个月省下来的钱都进了我们的“未来基金”，很快我们就可以探寻更远地方的生活了。

——梅格·斯科菲尔德，44岁，政府雇员，华盛顿特区

亨利·大卫·梭罗
(Henry David Thoreau)

我最伟大的技能就是欲望很少。

——亨利·大卫·梭罗 《瓦尔登湖》

尽管亨利·大卫·梭罗的旅行从来没有离开新英格兰州很远，但他面对财富——这对浪游来说至关重要，有不一样的观点。把所有基本需要之外的物质都视为真正生活的障碍，他信奉的是财富并不是指你拥有什么而在于你如何花时间。他在《瓦尔登湖》里说："一个人的富裕程度与他能放弃多少东西成正比。”

梭罗1817年出生在马塞诸塞州的康科德，在哈佛学的是工程师专业，但他却永远无法准确描述自己的真正职业。很多时候，他称自己是学校老师、调查员、农夫、油漆工、铅笔制造者、作家，“有时还是打油诗人”。他被人所知的身份是作家，尤其是他那本《瓦尔登湖》，书里详尽描述了他反物质生活一年的实验。

在瓦尔登湖，梭罗的生活是这样的：每年只需工作六周，吃的是自家花园里种的蔬菜和湖里打的鱼；住的是自己建造的“紧致、明亮又干净的屋子”；避免购买鲜肉、昂贵的衣物和咖啡这样不必要的开销。这让他有充足的时间可以沉迷于他最爱的事：阅读、写作、行走、思考和观察大自然。

就这样通过简单，梭罗得以找到真正的财富。他写到：“多余的财富只能买多余的东西。而钱并买不到灵魂所需要的东西。”

第四章：学习，继续学习

阅读以远方为大背景的有年头的旅行书或小说，旋转地球仪，打开地图，弹奏世界音乐，去外国餐馆吃饭，在咖啡馆里见朋友……所有这些都是永不结束的旅行经历，就好像弹钢琴音阶、主罚任意球或者冥想一样。

——菲尔·柯西诺《漫游的艺术》(*The Art of Pilgrimage*)

我们上学时都知道克里斯托弗·哥伦布1492年的大航海故事，那是世界历史上最好的旅行故事之一。这位传奇意大利航海家展现出极大的魄力，选择向西航行来探寻东方，但这也说明他做足了功课。他使用古希腊和拉丁语作者的经典地理文本，拿着马可·波罗的游记书，他有足够的理由相信他向西找寻亚洲的行动有可能成功。

最初的航行既充满希望又令人迷惑，哥伦布的第三次远行终于看到了绝对不可能搞错的大陆。但是哥伦布并没有直面尚未确定的事，立刻涉水登陆去证实他的发现，而是冲回了伊斯帕尼奥拉岛的据点捏造了一封胜利书信发回西班牙。他并没有实际的证据说明这片大陆就是中国或印度，他从最早启发他的希腊和拉丁地理学者的书中寻找答案。大段大段地引用博学古人的段落，他信心十足地推断出自己终于看到了那一直躲起来的亚洲大陆。

但是任何聪明的8岁小孩都知道，哥伦布的推论差了半个地球。

关于浪游，哥伦布的故事给我们好好上了一课。首先，我们要在出行前要做好功课，把在你之前探索世界的人获得的知识牢记于心能把你带到新的高度。但同样，如果你过于依靠你的功课而忽略眼前看到的世界，你将永远不会欣赏旅行带给你那出乎意料的奇迹。

因此你需要在促使你启程和只有开始旅行才能看到的新世界之间找好平衡。浪游这件事如此吸引人的原因是它为你展现了你梦想到达的地方和旅行经历；但浪游让人上瘾的原因是，你永远不会找到你梦想的事，而你还很高兴。确实，最生动的旅行经历通常都是意外找上门来的，而让你爱上一个地方的原因也很少是把你带到那个地方的特色所在。

这样说来，浪游不仅是探索世界的过程，也是观看世界的

> 所知甚少就满怀期望的开始旅行：大多数人都用这种见步行步的方式生活，而这个词本身也总结了人类是如何存在。
>
> ——保罗·索鲁《旅行成瘾者》(*Fresh Air Fiend*)

方式，为你准备好探索未知的态度。

当然，伴随旅行而来的发现长期都被视作是最纯正的教育方式。据说圣奥古斯丁说过“世界是本书，那些从不旅行的人只读了一页”。浪游就是要投身到大千世界之中，“读”得越多，你就做好了阅读更多的准备。但是，即使你在第一段就卡壳了，准备好读剩下的页码也依旧重要，毕竟，如果你只是蜻蜓点水般探索世界的话，你并不能从旅行中成长。

在旅行群体中，到底要为浪游做多充足的准备一直是争论的焦点。很多有经验的浪游者认为从长远来看，越少准备越好。自然学者约翰·穆尔曾经说旅行最好的准备就是“把茶叶和面包扔进包里，然后翻过围墙就出发”。对长时间旅行者来说，这样大胆自发的行为会为旅行探险增加光辉，还能让你减少吸收那些磨损你旅行经历的先入为主的偏见。

但同样要记住，有经验的浪游者已经有信心、信仰和如何让自发旅行运转起来的办法。他们知道旅行所需基本品有多简单，只需要热情、直觉和少许地点信息他们就能前往目的地开启程时便已知道太多是致命的：就像写作前就已完全确定小说情节的作家一样，知道旅游路线的游客，很快也会被无聊找上。

——保罗·索鲁《直到世界尽头》（*To the Ends of the Earth*）

始沉浸式学习教育。

对我来说，我尊重这种自发的办法，但我更喜欢为即将到来的旅行在家里做好精心准备时的兴奋。菲尔·柯西诺在《漫游的艺术》书里写道，“就像纪律不会毁掉体育、舞蹈和茶道方面真正的自我展现，准备也不会毁掉自发和随缘的机会”。

对头一次开始浪游的人来说，准备工作显然是必须的，只为让自己熟悉旅行的常规，知道旅行有哪些问题和挑战，以及缓和在任何改变生活的新追求时都少不了的恐惧。准备的关键就是知道外面有什么和完全无知却又乐观之间找到平衡。毕竟在信息时代的好处就是知道自己的选择而不是宿命等待，对那些为了消除旅行不确定性和不可预知因素才开始计划旅行的人来说，他们在尚未动身之前就已经丧失了旅行的意义。

准备的目标不是明确知道你要去哪里，而是有信心无论发生什么你都能到那里。这就意味着你的态度比你的行程计划更重要，长期来看，有意愿做简单的即兴发挥比研究更为重要。

毕竟，当你上路的第一天，你很可能就颠覆了从图书馆收集来的所有想法，而你的整个旅行也变得更为直接与真实。

如同约翰·斯坦贝克在《同查理一同旅行》（*Travels with Charley*）书中写的，“当旅程设计好，打包完毕出发时，一个新因素会闯进来接管一切。短途旅行，狩猎之旅，每项探险都是一个完整体验，却各有不同。所有的计划、安保、监控和强制规定都不会有成果。通过多年的挣扎，我们发现不是我们上赶着要旅行，是旅行找到了我们”。

无论你选择为旅行计划花多少时间，你的真正准备都应早已发生，远到当你第一次听说外面的世界等你去发掘时。一生时光中，某本小说、某位老师、某个嗜好等多种方式都可以激发你浪游的冲动。当然，当你下定决心上路时，准备工作就变得更为聚焦，强度也更大。

很多人计划旅行时第一时间想到的就是传统媒体，因为传统媒体有很多信息资源。但是你应该在一种健康质疑的心态下去收集很多媒体的信息尤其是每日新闻。这是因为很多媒体（尤其是电视、杂志和互联网）都身处商业竞争之中，他们要的是你的注意力而不是提供世界上更为客观的图景。当新闻媒体报道战争、灾难、选举、名人和体育赛事时，真实的人和地点都被物化得不那么真实。

此外对主流媒体来说，“旅游报道”主要是炫技、搭售广告和商业片：富豪热气球环游世界、科幻迷驱车数百英里只为看

《星球大战》的首映、业内人士对比怎么飞更便宜，等等。在主流媒体上甚少有提及个体长时间的旅行，除非是道德争议或需要警示的情况（尤其是涉及到年轻人的时候）。《时代周刊》就有个坏习惯，喜欢把二十来岁的背包客描写成被毒品搞坏了头脑的傻瓜。

因此，好的经验是当看到其他国家的新闻报道时，就想想好莱坞电影是如何把美国的形象传递给其他国家的。就好像日常的美国生活不能被飙车、枪战和超大胸的女人代表一样，海外的生活也不是阴险夸张的刻板印象所能概括的。实际上，那里也是有一群和你的价值观相仿的人的。比如当我去中东之前，我从媒体里看到叙利亚是个“流氓国家”。而当我鼓足勇气在2000年访问叙利亚时，这种刻板印象被在当地生活的阿拉伯人、库尔德人和亚美尼亚人的热情好客完全冲散了。如果警方的线人确实在在叙利亚跟踪我的话，他们将会见到一场又一场的家庭晚餐、自发的邻里参观和茶叶店里的陆战棋游戏大战。

因此，要为旅行获得更准确的观点和想法，你需要远离狂热的日常新闻，寻找更多相关的信息资源。幸运的是，你会有无数的选择：游记、报道各种旅行方式的杂志、英语报纸和杂志、描述异国土地的小说、对其他文化进行的学术和历史研究、外语词典和单词书、地图册、科学和文化视频与电视节目、年鉴、百科全书、旅行参考书以及旅行见闻和指南书。

我认为旅行指南书尤其重要，在这里要着重强调下。当这就是地图的魅力。地图展现了地平线另一边，在那里一切都有可能发生。

——罗塞塔·福布斯

《从红海到尼罗河》(*From Red Sea to Blue Nile*)

然，指南书绝不应该成为你唯一的旅行信息来源，但它们值得一提的原因是它们很可能是你随身携带的唯一资源。它们提供相关特殊的信息，这些信息甚至可以为最怯弱的宅人提供知识和勇气，让浪游成为可能。在你决定让指南书指导你旅行之前，你应该仔细考虑清楚它的优点和缺点。

太多时候，旅行者都过于虔诚地顺从指南书上的信息和建议。有些评论家埋怨这股潮流是当下太多“自助”旅行指南的热潮带起来的，这当然不是最近才有的事。马克·吐温在19世纪访问圣地时，在旅行聚会中就时常对信仰正统基督教派的指南书愤愤不已。吐温在他的《异乡奇遇》(*The Innocents Abroad*)写道：“当他们看到塔博尔、拿撒勒、杰利科和耶路撒冷时，我都能说出他们的惯用语了。因为我也有他们‘鹦鹉学舌’般获得思想的指南书。这些作者们描绘图景，构想出狂想曲，没有主见的人们追随作者，而不是用自己的眼睛去看世界，用自己的嘴去表达……当朝圣者回到家讲起巴勒斯坦的时候，他们说的不是他们眼里的巴勒斯坦，而是书中的巴勒斯坦——根据朝圣者的教义不同描述的色彩不同。”

指南书能如此毁掉你的观感，你大可在旅行中把它当成随手翻阅的工具书，而不是一本包罗万象的“圣经”。即使是最专业的指南书作者也推荐你对他们的建议保持独立的判断。旅行出版人托尼·惠勒接受我采访时说“没必要把‘孤独星球’的书当成圣经。就因为我们没有列出这些餐馆和酒店并不是说他们一点都不好。有时候人们甚至告诉我们，他们买我们书就是想看看不要去哪里扎堆。他们不想待在所有人都在的地方，所以他们去没登上孤独星球的酒店住宿。我想那真是太好了，我们鼓励敢于与众不同的旅行者。”

总的来说，好的指南书会包含特定地区有用而又浓缩的旅行信息，比如历史和文化背景、当地语言和习俗的指导、气候环境的数据、获得签证和兑换货币的建议、住宿安全远离危害的建议、如何使用当地交通、住宿，饮食和娱乐的推荐，等等。因为老板总在换，价格会波动，在你买的任何一本指南书里，酒店和餐馆的推荐是最靠不住的。比如在越南，我发现在孤独星球和极简指南里梳理推荐的酒店和餐馆毫无例外都有着最差的服务，原因就是指南书为这些地方带来了稳定的西方游客。幸运的是，当我有点经验知道找什么之后，自己找到舒适的睡床和好吃的餐馆是件又简单又令人享受的过程。

对不同目的地要选取不同的旅行指南，因为对每个国家来善行无辙迹。

——老子《道德经》

说指南书质量都很不同，你需要做点对比研究找到最符合你需要的。比如，一个有经验的浪游者使用《穆恩洪都拉斯手册》（*Moon Travel Guide*），很可能更喜欢在埃塞俄比亚用《布拉特指南》（*Bradt Travel Guide*），在泰国用孤独星球指南，而在南非选择《足迹手册》（*Footprint*）。在你旅游的区域做点调查能让你找到最好的指南书，指南书有时候也会被挑剔带着偏见的旅行者带偏，所以你的选择样本要足够宽。

在海外的旅游圈里新书和二手书都是现成的，而电子版本可以从网上下载，无论你准备去多少个地方，每段旅程只需带一本指南。在路上卖、换和买书是很容易的，把沉沉的图书数量减到最少是很明智的做法。有些浪游者为了尽可能的少带东西，甚至边走边撕掉那些他们用不到的指南书章节。

一旦掌握了浪游的要义，你会知道指南书有个很好的替代品，那就是精确的区域地图和语言词汇书。你可能会漏掉一些场景下的信息，但在这过程中，以人为中心的探险和新奇古怪的目的地都会让你的旅行物超所值。

除了传统媒体，还有两种办法收集浪游信息和灵感。一种方法是口口相传，这是地球上最古老的信息收集方式了。另一种方式是互联网最新近的信息。如果使用方法得当，两种方式都能很好地帮助你的旅行。

一旦你开始旅行，你会发现最有用的就是过来人的建议。当你从一处去另一处时，这是探究分享旅行经历最好的方式：无论是发现新的旅行想法，了解最新的价格信息，还是获得相关热点和忠告。即使你还没上路，听听思想相近又早先一步出发的旅行者分享些建议也是好的。浪游者总是乐于分享路上的故事，充满热情地为你即将到来的探险出谋划策。

结识国际朋友也会获得很好的信息。如果你邻居来自厄瓜多尔，问问他家乡的事；如果你的工友有一半保加利亚的血统，问问她的传承故事；如果你最喜欢的餐馆是厄立特尼亚人开的，问问他们有没有最新的家乡消息。很可能他们非常乐意给你讲故事并作出推荐，在你出发动身去海外时，你甚至可以拿到一串的地址和一定要和他们的朋友亲戚一起住的警告般的邀请。我就有一些超级有胆量的加拿大朋友。他们准备去印度三个月，而手里的联系人够走访三年。

当然，面对一切旅行建议，你要记住的是每个人都从他或她自身的角度说话。要知道时移世易，情绪和偏见都可能带偏回忆。即使某人对某地的描述让你大感兴趣，你也应该在动身探索异域风情之前再做点扎实的研究。

当骚动的病毒掌控了不安分的人，离开此地的道路显得宽广、笔直又充满幸福，此时感染者就得给自己找个足够好又充分的理由离开。这对真正的浪游者来说并不困难，他内心深处早有大把理由可供选择。下一步他必须从时间和空间上规划旅行，选择一个方向和目的地。

——约翰·斯坦贝克《与查理一同旅行》

最靠谱的获取旅行资源方式就是互联网了，互联网信息动态十足，但有时会混乱不堪。你可以把它看作是传统媒体和口口相传的信息的电子综合体。一方面，互联网在信息及时性和多样性方面无可比拟，另一方面，网上的内容往往自相矛盾，会分散你的注意力。如果使用得当，网上资源可以让你的浪游经历无可比拟。更厉害的是，无论你在哪里生活，互联网都是为你提供即时的浪游支持的社区。

探索互联网旅行资源最棒的方式就是花一下午时间，使用搜索引擎不断试错。当然在上网找特定信息时，你很少能直接就找到你真正想看的信息。但是，网上无数的搜索跳转可以让你学到你根本没计划学的东西。所以如果你上网找资料，耐心是必须的。

你会渐次搜到网上的旅游资源，从社交网络和聚会点、主旅游业发展之前，旅行被视作学习，成果是思维成熟和判断力见长的标志。旅行者就是他所找寻事物的学生。

——保罗·福赛尔《海外》（*Abroad*）

打文艺和娱乐的旅行博客、由业余爱好者和海外客运营的旅行指南资源站、在线旅行和票务中介、官方运营的面向游客的全国和地区信息站、海外出版的英语在线报纸、“老驴友”运营的在线博客资源站、政府的旅行和健康建议、非盈利组织提供的“负责任旅行”指南到国际大学那无所不包的、提供从人类学到经济学到海洋生态学的信息研究数据库。

对第一次出发的浪游者来说，旅行博客是最有启发的资源。尽管并不总能提供完美的建议，这些非专业人士的旅行日记能为路途解惑。他们谈起旅行来坦诚布公，毫无掩饰，既趣味十足又让人感同身受。更好的是，因为旅行博客由各式各样的浪游者撰写，比如学生、退休人士、要度两年蜜月的夫妻、带着年轻的子女用一年时间旅行的父母、行动不便的探险者等等，这些人的经历能告诉你并不只有年轻人、白种人和无所牵挂的人才能浪游。

网络留言板版和新闻群组上面有旅行相关问答，这也是极为有用的浪游资源。很多在线旅游网站（孤独星球的“荆棘树”

就是很受欢迎的例子）也包含了各种旅行方式的信息版。这里提供些使用在线信息的小窍门：首先，在你提问题之前读完全部的信息，因为你的问题很可能已经被人回答过了。其次，尽可能地从不同的回应中寻找答案，因为很多帖子都是匿名，主观而难以证实。最后，要记住这些帖子的匿名特性让很多人都倾向于夸大其词。比如在我去亚洲旅行之前，孤独星球的荆棘树版让我确信整个亚洲大陆都是极端拘谨的势利眼，但当我开始环亚洲旅行时，我在路上遇到的很多人都思想开放，颇好相处。

互联网搜索的另一个好处是你上路了也能随时使用。这里我们能给你的忠告是一旦开始旅行，就要控制好你上网的时间，因为和家里的生活藕断丝连会扼杀你浪游的灵活性。确实，如果你在国外旅行还要时不时查下电邮，看看社交媒体朋友圈，那你就和坐困家中一般无二，一定会错过外国生活真正有趣的经历。

旅行准备 Q & A

当你准备旅行时，你会遇到所有浪游者上路前一样的现实问题：健康和防疫的需求、安全问题和旅行建议、护照签证细节、保险和紧急情况下的交通问题、到达远方目的地后在哪吃，在哪儿住和交通的问题。幸运的是，一本好的指南书会解决你大部分的疑惑，当然你也要在互联网上再次确认问题的时效性，这包括了签证和旅行的建议。

如果你不知道在长时间旅行时如何具体应对意外的话，你得记住有意识的警觉和随机应变要比事情发生后再处理好得多。比如你很难预测灾难是否会发生，在什么时候发生，但是有旅行好习惯却很简单，比如把现金放进腰带里，把包的拉链拉上这些都能降低你成为受害者的可能性。毕竟，你在计划旅行的过程中想象的“最差情景”极少会出现。即使你在旅程中遇到了些许困难，有意识地随机应变依旧是你最可仰仗的武器。

除了各式各样的旅行准备，大多数人想到浪游时也期待一些大事。这些事包括：

世界这么大，我该去哪儿？

这可能是所有疑问中最难回答的了，不是因为有些目的地比其他更好些，而是因为所有的目的地都有他们各自潜在出彩的地方。大体上讲，选择一个区域就意味着至少暂时放弃了世界上其他神奇的地方。要能找到一个终极的原因挑选一个最好的目的地是件让人很抓狂的事。

幸运的是，去任何地方都不需要一个好原因才能成行，出发就行了。听上去是有点厚脸皮，但浪游很多都是这样的。比如你的环中东之旅起步于埃及，因为那里有金字塔，然后你在那里待了三个月是因为完全不同的原因（阿拉伯诗歌、肚皮舞课，或者你和匈牙利的考古学家有一场沙漠热恋）。

对美国人来说，欧洲是本能的浪游目的地，但世界上几乎所有地方都很适于旅行。如果要想把旅行的每一块钱都花出响，你可以去东南亚、印度次大陆、中东、中美洲和南美洲，所有这些都是经过浪游客长时间考验的又便宜又安全的地方。非洲和大洋洲（包括澳大利亚）稍微有点贵，但比起你在家一周的花销也贵不到哪儿去。即使在北美（我的第一次浪游就在这里），如果你有真正的动力以及足够省俭的习惯的话，你也能有神奇又负担得起的浪游。

当然，在计划的旅行时只需要参考下传统自助旅行，你的浪游战略可以也应该由你自己来定是追随传统还是跳出圈外。因此，无论看起来多笨多傻，在考虑去哪儿时，你的想法是自由无限制的。比如你想去学探戈，那你可能就想去阿根廷。小时候你特爱看《野生动物王国》，那你可能就想去博茨瓦纳找寻野兽。也许阅读凯鲁亚克的《在路上》也能让你出发看看美国。

对乒乓球感兴趣能把你带到中国，对橄榄球狂热能把你带到新西兰或者斐济，祭司王约翰的传奇会吸引你去埃塞俄比亚，想看蝴蝶能把你带到哥斯达黎加，渴望冲浪你就去澳大利亚，如果你对祖先来自哪里感兴趣也许你会回苏格兰、菲律宾或者古巴看看。也许母亲在20世纪80年代末的欧洲远行也激发你追随她的步伐。也许你动身去新加坡只是想看看这个和汤姆·威兹的同名歌曲（*Singapore*）是否名实相副。也许你会去吉布提，因为初中地理课上只要提起这个地方你就忍不住笑出声。甚至你小时候就珍藏的那个有着泰姬陵的雪花玻璃球驱使你前往印度。

无论最初选择目的地的动机如何，要记住当你到那时你很少能看到像你期盼的那样，而这永远是件好事。比如在东欧浪游，我去了拉脱维亚，因为这个国家听起来可能就是一个好而无趣的地方，我计划在那儿读些书，把文章写好。可实际上，公园、电影院、首都里加那俗气的重金属夜店，还有大都很友善的拉脱维亚人让我在那闹了三周时间。

一旦你选好了浪游地区，先别雄心勃勃地想你能在那儿干什么。当你到那待了几天后会发现远超你研究和期待20倍的信息。所以只需要先做个大致的行程研究，这样做只是让你估算下预算和那边有什么。别计划六个月“玩完”亚洲，相反你规划小点，比如东北亚、东南亚或者印度。同样的别想六周“玩完”中美洲，如果待在一两个国家你的经历要好得多。即使你有两年时间，一次浪游就走遍五大洲肯定会让你精疲力尽，让旅行体验大打折扣。浪游不是商场的大甩卖：旅行的价值不是在结束后你的护照上有多少个印章，慢慢体验一个国家总是比旋风般浮光掠影地走遍四十国要好很多。

再有就是要抵抗住提前趁优惠买齐所有旅行品的冲动。确实，位于达拉斯的旅行公司把乌干达的旅行促销文案写得那么好，可当你到了非洲再做同样的预订依旧会更便宜，这样做你还可以免去遵从固定日期旅行的麻烦。同样适用的还有飞机旅行。无论一张打折的环球旅行机票有多诱人，通常来说买一张单程票飞到第一个目的地，然后边走边计划行程会更好。不仅因为这样更便宜（感谢那些本土航空公司，比如孟加拉航空、加勒比航空和威兹航空），更因为你有更多途中美好的感觉，你的行程也会变得更为机动。

相应的你也没必要在走之前把所有国家的入境签证都安排好，因为在路上有更容易获得签证的办法（这样也更不可能签证过期，当你行程有变时也不会毫无用处）。所以你要拿上一打签证大小的照片，省着你还要在海外去四处找拍照的地方。当然你要检查好你第一个目的地的签证要求，因为很多国家（比如中国和印度）仍然不可以落地签。

总体上讲，记住即使是在“自助旅行”伪装下，那些提前打包好的探险和有特定安排的行程都是给只有几周假期的人准备的。浪游就是按你自己的节奏来，找到属于你自己的旅行方式，你在密尔沃基看到的那本目的地简介小册子等你到达目的地的时候同样能找得到而且售价还低到一折。

我应该自己旅行还是找个伴？

回答这个问题可没有标准答案，因为归根到底这是个人喜好的问题。两种方式我都试过也都喜欢。我第一次的浪游旅程（8个月环游北美）是和朋友一起，这让我们可以分享旅行的挑战和战胜挑战之后的喜悦，大家平分成本也省了我不少钱。有活力的团队也让我更容易战胜焦虑，让我首先迈出了旅程的第一步。但随后我的浪游经历都是在独行，这使我可以沉浸在环境之中。没有旅伴，完全要靠自己，这让我去结识朋友和探索旅行，如果有同伴的话我一般都不会这么做。此外，独行对我也不是一个非要严格遵守的程式：每当我一个人烦了的时候，在路上很容易就能和其它旅行者搭个伴一起走上几天或几周。

如果你更喜欢一开始就找个旅伴的话，那你要好好挑选。你要确信你们有类似的旅行目标和想法。比如你是想在柬埔寨要过一个有意义的下午，而他想的是在丛林里看植物，那你就不应该选那个更喜欢坐在风流酒吧里被半打欢场人士包围的人。如果可能的话，你应该和你潜在的旅伴先走一段短途旅行，然后再开始一起浪游；在短短几天时间你就可以知道你们是否合群。远离那些总是抱怨的人、长久的悲观者、没脑子的软心肠和过于自恋的嬉皮士，这些人在旅途上出奇得多，他们能把一场旅行变成疲惫不堪的闹剧。相反，你应该找那个有着开放思维和现实态度的旅伴（详见第八章），这些都是你自己也应该培育的美德。

不管你和旅伴有多合群，也不管对方是不是你对象、子女或者另一半，千万不要幻想每一秒都要腻在一起。旅途上的完美契合是个梦想，所以要给你的旅伴喘息的空间，即使这需要时不时地友好分开几周时间。这样即使你不认为你必须独自旅行，有了这些心理和现实准备，就可以随时独自上路了。

旅行时我该带些什么?

越少越好，句号。再怎么强调轻便旅行的重要性也不为过。

拉上装满各种垃圾的巨大行李箱从一地前往另一地绝对能把你搞残，你的旅行会失去灵活性，变成可笑而又充满怨气的做做样子。

不幸的是，平时的生活并不能告诉你旅途上到底需要多少行李。即使人们认为已经只带生活必需品了，他们也会只为路上的两周旅行把四分之三的家用品倒进行李箱。所以，你能帮自己做决定最好的方式就是买个小点的旅行包，我可不是在开玩笑。

当然，这个小包让你只能带最少的东西：一本指南书、一双拖鞋、标准洗漱用品、一些药品（包括防晒用品）、一次性耳塞（用在很多很吵的地方），以及一些给你未来房东和朋友带的一些小礼品。再带上一些简单实用的衣服和一件体面的外套，这在过海关和参加社交活动时用得上。拿一个小手电筒、一副太阳镜、一个背包（当你离开酒店或客房的时候用来装些小物件）和一个不贵的相机。接下来低头看看，确信你穿着一双耐用的靴子或者运动鞋，然后把行李包合上，再用一个又小又结实的行李带扣好捆上。

这看起来好像也带得太少了，但你想想你要去的地方，那里的人每天的生活也和你差不多。确实无论你去世界哪个地方，你都能找到足够的化妆品，多余的衣服、钢笔、笔记本、纸巾、毛巾、瓶装水和小吃，不同的只是品牌不一样。任何潮湿的地方都有便宜的雨伞卖，昆虫多的地方蚊帐也能到处找到；天变冷时暖和的衣物（有的还颇有民族特色）也四处都有卖。买这些物件本身就是一场探险。至于相关的书和地图，哪怕是英文版，在目的地通常也比在家里更容易找到。

除非确信你会经常露营，那你再拿上露营设备。除非你计划的旅行大部分都在乡下（或者在北美和西欧的某些地区，露营是这些地方最负担得起的方式了），浪游时不要背帐篷、睡袋和烹饪餐具。如果你时不时有冲动要在野外睡几次，当地买的吊床或便宜的毛毯也很不错。即使在安第斯山或在喜马拉雅山，与其拖着你的设备还不如在当地租装备（和向导）。所有珠宝和电子产品都应该放在家里。

在路上怎么处理钱？

很多年前，我的旅行朋友就很自信地预言“任何有水泥跑道机场的国家”都会很快在城市中心找到自动取款机。我不知道是否在世界各地都已如此，但世界范围内自动取款机数量的增长让旅行者的现金管理问题容易了很多。不仅因为自动取款机的的海外兑换汇率有竞争力，它还省了你要在旅行前就要一把准备好所有钱的麻烦。自动取款机并未在发达国家之外普及，但你在路上经过的城市里都已有足够多的机器，让你能时不时取到当地货币而把你的现金用到更偏远的地方。当然在出发前，你得跟银行确认你的银行卡是否支持海外取现。

至于预估浪游总花销，先不要太执着计算每一笔预算细节，因为当你开始旅行时，你会对事物有更切身的体验。为保险起见，保守地估计花销，别忘了计算签证费用、机场税费、礼品和一些偶尔的“奢侈”花销（好酒店、一顿大餐、潜水课等）。比如你觉得有钱能旅行六个月，那就计划四个月的旅行。如果四个月后你还有钱，那就把之前计划的两个月或更多时间看成奖励。大原则是即使你想在路上边工作边旅行，也不要花到最后一分钱才开始找工作。总要拿出几百美元当成紧急基金，此外你还要抵抗住诱惑，这种“紧急”可不是用来过地毯集市和圆月聚会的。

在开始旅行前，支付掉所有账单并解决好所有财务问题，这样你在路上就不用烦心这些事了。把信箱和家庭财务往来都交给一个信任的朋友，也一定要给他们你护照信息的备份文件。别太麻烦这个朋友（毕竟人家是在帮你忙），确保他知道在发生紧急情况下他该如何做。当然，当你旅行归来时，你要带上礼物好好奖励这个朋友。

从家庭生活到浪游的转变太大了，我该怎么调整？

永远不要低估你迅速学习和调整的能力，也不要浪费时间忧虑可能在路上发生的种种状况。勇气比详尽的行程更重要，自信积极开放学习的态度将会弥补你旅途伊始并不具备的旅行能力。

抱着这种态度，大多数人在浪游开始几天后就变得信心满满，开始埋怨自己为什么不早几年就鼓起勇气早点上路。

浪游心声

还记得在前往西西里的火车上我和一位大学教授谈论是否需要旅行。他说“你可以读遍世界上描述一个地方的所有东西，但没什么能取代闻到这个地方的气息！”他说对了！做计划吧，如果需要放弃计划时也应该开心。库尔特·冯内古特曾经写道：“独特的旅行建议是上帝的舞蹈课。”我喜欢他这句话。走之前尽可能地做研究，但千万不要害怕得不敢启程。每一天，洛杉矶都比我去过的城市更危险。做足正常预备，运用好常识你就会很安全。我在去的每个地方都吃街边摊，我唯一一次食物中毒是在家吃麦当劳的时候（不是开玩笑）。

——比尔·沃尔佛，60岁，音乐家，加利福尼亚我们刚开始旅行时，我事无巨细地计划一切——每次航班、每趟火车、每个住宿选择，甚至很多一路上必看必吃必玩的地方。如今我只会大概计划下，比如长时间的飞行和很难搞定住宿的地方，其他我都顺其自然。廉价航空、廉价火车、廉价汽运随手可得。因为你没有固定的行程单，非凡经历才得以发生，这才是你旅行的原因。

——鲍威尔·博格，50岁，企业主和母亲，夏威夷

别想太多，也别制作利弊表。利弊表一无是处徒增烦恼。如果你想太多，你将会困守家中，然后在未来某一天你告诉孙辈“我一直想做那个”而不是向他们展示你曾经的旅行照片，为他们提供出行建议。这些年来，我的亲戚朋友对我说“我从你的旅行中获得满足。”永远不要幻想通过别人来实现自己的想法，这是你自己的人生，好好过。

——拉维尼亚·斯伯丁，43岁，作家和老师，圣佛朗西斯科

贝尔德·泰勒

(Bayard Taylor)

我被公众所知并不是因为我是诗人这一我最渴望的名号，而是因为我用很少的钱就游遍欧洲。

——贝尔德·泰勒，1852年写给朋友的信

贝尔德·泰勒一生的梦想是用自己的诗篇捕获美国式的想象力，但这从没成功过。相反，泰勒因为向美国人传播观念而暴得大名，这个观念是：你不需要成为富豪才能海外旅游。

泰勒1825年出生在宾夕法尼亚，19岁就决心游历欧洲。为

了省钱办护照，他从宾州走到了华盛顿特区，口袋里揣着140美元就出发去欧洲。一路上他节俭生活，偶尔工作，带着这笔钱在欧洲待了两年时间。他不住花钱的旅馆，不下餐馆，在农贸市场里吃饭，去任何地方都步行。在德国法兰克福学习时，每天只花35美分。

回国后他出版了《步行天下风景》(*Views Afoot*)，他对同行者过度准备旅程困惑不已，这帮人除了指南书提供的简明要点，对其他一切都没多少兴趣，“很少抬起眼皮去看真正的景色”。有趣的是，《步行天下风景》也成了一本指南书，传承了美国自助旅行的传统，使后来一代又一代美国人的浪游成为可能。

泰勒从没放弃写诗歌的雄心壮志，但《步行天下风景》的成功将他带往非洲、印度、日本、圣地巴勒斯坦和北极圈。最终1874年的时候，泰勒的出版人为了致敬他的文学贡献，仿照大诗人的传统特别出版了“家用版”。

这十一卷本的名字?《贝尔德·泰勒游记》(*Bayard Taylor's Travels*)。

第三部分

在路上

第五章：不设限

行者啊，世上本没有路，

路是走出来的。

——安东尼奥·马查多《卡斯蒂利亚的田野》（*Cantares*）

佛教徒相信我们每日都生活在蛋壳之中。就像未下蛋的小鸡不知道真正的生活是什么一样，我们大多数人也对环绕我们的大千世界所知甚少。佛教经典法句经的学者埃克纳斯·艾斯瓦兰写道："激动与失望，幸运与不幸，快乐与痛苦，都是发生在个体微小层面上蛋壳中的风暴，而我们认为这就是生活全部的意义——当然我们也可以打碎蛋壳进入崭新的世界。"

当然，浪游不是涅槃，但这个鸡蛋的类比很适用。下定决心踏进世界，把家中的规矩都放在身后，你会发现自己进入了一个更广阔也更少束缚的范式之中。

在准备你的旅行时，这种想法或许会令人怯步。但一旦向前一步踏上旅程，你会兴奋地发现这事简单极了。像点单吃饭或者乘坐公交这样的日常经历都突然变得与众不同、充满可能。喝杯饮料，收音机的声音，空气的味道，所有你在家日常生活的细节都突然变得丰富。食物、时尚和娱乐都变得离奇和极度便宜。尽管做足了准备，你还是发现你想知道更多吸引人的历史和文化知识。那未知世界的细微差别，也许刚开始还不情不愿，但很快就让你欲罢不能：去菜市场或者卫生间都可以变成探险，简单的交谈也可以缔结友谊。你很快就发现，路上的生活比你在家里要简单得多，但同时也更加复杂多样。

艾德·布林写道："说起旅行，尤其是浪游，会极大地增加你经历的密度，充满杂糅在一起的刺激又让人疲惫的小插曲、印象和细节。那么多新鲜又不一样的事频繁发生在你身上，而你又是在最敏感的时候……你可能在快乐的一天内就要经历开心、烦躁、困惑、绝望和惊喜等多种心情。"

在你头几天踏上旅途的兴奋之余要记住一个关键理念，那就是：慢下来。

为了强调这个概念，我再说一次：慢……下来。

对第一次浪游的人来说，这可能是最难掌握的旅行课，因为有那么多惊奇的景点和经历等你去摄取。但你要记住，长时间我不想匆忙行事。“匆忙”这个词本身就是种有毒的20世纪态度。当你想匆忙做事时，那就意味着你再也不在乎这事，而想赶快去做其他事。

——罗伯特·M. 波西格

《禅与摩托车维修艺术》(*Zen and the Art of Motorcycle Maintenance*)

旅行的关键是有条理、有目的地穿行世界。浪游不是重新分配时间去旅行，而是重新发现时间这个概念。在家里你习惯于瞄准目标，有效率地按时按点完成工作。在路上，你要学会即兴利用每天的时间，仔细看你看到的事物，不要过于执着在行程计划上。

你得在旅行中找到自己的方式。在到达最初的目的地后，你要找一个“滩头堡”(是个真正的海滩也好，或者旅行者的聚集区或者偏僻的小城也好)，花点时间放松自己适应新环境。不要急着“看所有的景点”或者急着开始实现所有的旅行梦想。旅行要有条理和有兴趣，但不要有一个“待完成”列表。观察和倾听周遭的环境。在小事上开心，多看少分析，兵来将挡。练习你的灵活性和耐心，不要提前决定你要在一个地方或另一个地方待多久。

这种转变在很多层面都和童年很像：你看到的一切都是新的并且充满感染力，吃饭睡觉这样基本的事情都有了新的高度，凭借好奇和新奇就可以发现娱乐的方式。比尔·布莱森在当你旅游时，你用一种现实的方式去体验重生。你面对的是全新的环境，日子变得缓慢，在大多数的旅程中你甚至根本不懂人们在说什么……你变得更愿意与他人亲近，因为在困难时刻，他们有可能帮你。

——保罗·柯艾略《朝圣》(*The Pilgrimage*)

《东西莫辨逛欧洲》(*Neither Here Nor There*)里说："突然你就回到了5岁，什么都不会读，对事情如何运作你只有最基本的感觉，你甚至不能在不危害自己生命的情况下横穿马路。你的整个生命都成了一系列有趣的猜测。"

用5岁孩子的直觉去探索一个新地方是很能释放自己的。你和过去再也没有牵连。到离家那么远的地方，你发现自己开启了新生活。再也没有更好的机会让你打破旧习惯，直面过往的恐惧，放出你人格中压抑许久的情感。合群和思想开放会让你交朋友更轻松。精神上，你会感到自己更乐观地投入进去，准备好去听去学习。而且更重要的是，你会有种奇特感觉，任何时候你都可以向任何方向前行（字面意思和比喻意义上的）。

刚开始，你肯定也会犯些错误。难缠的商人会骗你，不熟悉目的地的文化习俗也可能让你得罪人，你会经常发现自己在陌生环境中走丢了。有些旅行者为了避免这些错误付出了大代价，但这些错误实际上都是学习的重要组成部分。就像《古兰经》中所说，“确实，每个人出发时都是浪游新手，你也没啥理由不一样”。

在中国澳门，我身为浪游者犯下最早的一个错误是在当地葡式城堡的城墙下漫步时发现了一个绿草小斜坡，那时我大部分时间都在香港的水泥深林里生活，这片绿草地实在太诱人了，我可不能放过。于是我把背包一甩，照直躺在这片绿地上沉浸在下午的阳光里。后来我发现一群当地人都在盯着我。我向他们挥挥手，他们笑个不停。起初我还以为他们是被我随遇而安的乐观吸引住了，直到一个会说英语的学生有礼貌地过来。

“对不起。坐在这片草坪上不大健康。”他说。

“没事的”，我说，“在我们国家我们一直这么做。这就是公园的用处。一些臭虫和花粉不会有多大事的。”

“对的”，那个年轻人说，被我的愚蠢搞得脸都红了，“但在我们这里，这片草地是被狗狗用来当厕所的地方。”

我忘记我得知这个情况后具体怎么回应了，但我想说的是每个浪游者都时不时会像愚蠢的游客一样。记者约翰·福林说：“对旅行者来说一个最重要的技巧就是有能力让自己变成十足的笨蛋。”这样，你就可以笑话你自己，然后从这些不幸中成长。你不仅能从新事物和周遭环境中认识你自己，你还能在旅行者生活中上门速成课（这包括买菜时的讨价还价，在不熟悉旅行者的世界并不普通，对旅行本身来说，哪怕最普通的地方也是对反常事物的含蓄邀请。

——保罗·福赛尔《出国》

的环境里拿着指南地图找路，在酒店房间里的洗脸池里洗衣服）。态度正确的话，你会在几天时间就把自己调到浪游生活的节奏上。

在路上，最初萦绕在菜鸟旅行者脑中的是个相当简单又迷惑的问题："每天你都该干点啥呢？"

乍一看这问题很容易回答：从数据上说，前往新地方的人们会去本地的历史遗迹、博物馆、优美景点、文艺演出现场、少数民族的村落、市场、餐馆、娱乐场所，闲逛和享受夜生活。

或者更确切地说，你会在旅程开始就去做你在计划旅行时梦想做的事：你将被巨石阵、吴哥窟、马丘比丘震撼得走不动；在参观美国史密森尼博物馆、法国卢浮宫或者俄罗斯冬宫博物馆时震惊不已；在非洲塞伦盖蒂草原上看日出，在澳大利亚的偏远地区看日落，在婆罗洲潮湿的丛林里感受烈日当头；你将全神贯注地聆听蒙古呼麦歌手那超凡脱俗的嗓音，惊奇地观看土耳其苏菲旋转舞，或者伴着爱尔兰喝醉的歌声疯狂跺脚。你会在危地马拉的奇奇卡斯特南戈集市上买玛雅文化的编织品，或者在叙利亚的大马士革露天市场里买锦缎，或者在印度瓦拉纳西的小巷里为买织锦讲价钱。你会在新西兰的峡谷里玩蹦极，爬上乞力马扎罗雪山的陡坡，或者在加利利海里玩冲浪。克罗地亚的亚德里亚海岸边、哈瓦那的鹅卵石大街，或者霓虹灯闪耀的东京街头将会激发你和当地人或同游者来上一场浪漫热恋。在意大利里维埃拉的咖啡馆里啜饮一杯卡布奇诺，在斯里兰卡高地吃新鲜水果，或者透过哥斯达黎加海岸清澈干净的海水凝视天空。你会在希腊岛上整日痛饮茴香烈酒，在果阿的岸边随着电子音乐彻夜跳舞，或者在巴西里约热内卢的狂欢节整整一周都不睡觉。

以上这些巅峰体验就是把各种“游客打卡点”和“旅行者路线”相互穿插联系到了一起。

不幸的是，旅行者路线上的生活并不是一个又一个接连不断的魔幻时刻和巅峰体验，有些景点和活动过一阵就变得多余。更重要的是，从埃及卢克索庙到加勒比海滩上的派对，这些吸引人的旅行地总是人满为患，其受欢迎度大打折扣，人们很难去真正体验旅行。关于现代旅行一大陈词滥调就是见到你的梦想之地时，你害怕它会令你失望。我记得有个《纽约客》漫画是这么画的，一个人站在旅行社里看到世界各个旅行地的照片，他说：“所有地方看上去都棒极了。我都等不及失望了！”

迪恩·迈克卡耐尔在他的《游客》(*The Tourist*)里用学术

语言展现了上述问题，他是这么写的："个人的观光行为，与那些被认为有更高的价值被赋予仪式认可的景点，前者也许就显得不那么重要……比起游客和景点间的真正交流，集体行为产生的社交影像或者想法显得不那么重要。"

换句话说，吸引游客是有总体知名度的景点，而这种知名度会让每个个体的体验打折扣。

当下全球化的趋势加重了这种感觉，这让全世界的文化批评人士开始惋惜世界上最知名的景点被"污染"成什么样子。香榭丽舍大街上的"商场压街"、在吉萨斯芬克斯狮身人面景点前到处可见的快餐馆、在云南也能买到格兰诺拉燕麦卷，这都被当做旅游业已经成为"吸纳文化"的案例。幸运的是，这种担心更多体现的是文化批评者的旅行习惯，并不代表上路的现实情况。实际上，如果你想看到未被污染的巴黎、埃及或者中国的话，你只需要稍微走几分钟离开香榭丽舍大街、斯芬克斯像或者被背包客淹没的大理就足够了。

奇怪的是，很少有人（甚至被孤独星球认为是"独立"旅行者的那群人）会想到离开广为人知的旅行线路。这就好像游客的道路变成了科幻小说里的能量场，只有那些大无畏的英雄才能逃脱这个充满诱惑、舒适和基础设施完善的大网。

幸运的是，找到独特的旅行体验并不需要太多英雄主义，你只需稍稍变换下思路。很多旅行者在走访世界知名目的地后会感到很挫败，原因是他们仍在遵从家里的规训：遵循规则和走心的旅行是要去发现历史和日常生活的重合点，在集市，小教堂，拐角的公园，工艺品店，找到每处地方、每天的生活本质，好奇那埋在寻常生活里的不寻常事物，这才是让旅行者揭开旅游业的面纱真正走心的事。

——菲尔·柯西诺《朝圣的艺术》

规章制度你就会获得“奖励”。但在路上，需要记住的是，你是自己行程的主人。如果克里姆林宫前列宁墓排队的人实在太长了，你大可买几瓶啤酒，在红场边上晃晃，你看到整个莫斯科都围绕你转。如果印度尼西亚的库塔海滩太像商业区了，你大可把指南书扔到一边，坐上巴士往内陆走，然后迷失在巴厘岛昏昏欲睡的山村里。如果在天安门广场边上看到麦当劳让你烦心不已的话，你也可以跳上巴士，逛逛老北京的胡同，观察那里人的日常生活。

当然，回避“景点”这件事本身也是陈词滥调了，尤其是在保罗·福赛尔称为“反游客”的伪反主流文化人群里更是如此。福赛尔在《出国》这本书里写道：“反游客不是要和旅行者混在一起，反游客的动机不是探寻而是自我保护和虚荣。”穿上当地服饰招摇过市，有意不带相机，“努力避免去常规景点”，这帮反游客除了要远离其他游客这点自我意识外并没有太多想法和日程安排。

这样想就把很多刚开始旅行的人带入这种反游客的心态中。流行小说家威廉·苏特克里夫有部讽刺背包客的作品《你很有经验吗？》（*Are You Experienced?*），生动描绘了一群年轻旅行者在印度为了躲开主流的旅行者而无所事事的故事。

有个在路上确保你兴致十足的秘密，让你同挫败的大众真正区隔开，就是：不设限。

不要说你能或不能做什么。不要说什么配不配得上你花的时间。你得有勇气一整天都在“玩游戏”：去看、等待、倾听，让事情发生。无论你在哪，不管是在梵蒂冈的礼品店还是在巴拿马的丛林村庄，或者在布基纳法索瓦加杜古的市中心，你都要对身边的微小事物有所感。就像迪恩·迈克卡耐尔说的：“哪怕是从地上捡起花花叶叶展现给一个孩子，甚至一个擦鞋铺或采矿场，任何事都值得记住，任何事都有潜在的吸引力……有时候我们有官方指南和旅行文件帮我们。但通常我们都只能靠我

要记住浪游的独特优势就在于并不知道接下来会发生什么经历，无需出大价钱，在所有情况下你都会如此……你只能直面挑战，毫无其他选择。做些事，才算圆满生活过。

——艾德·布林《浪游在欧洲和北非》

“我知道的是，如果你不赶时间，你能做几乎一切事或者去几乎任何地方。”

——保罗·索鲁引述“逐浪者”托尼的话

《大洋洲的逍遥列岛》（*The Happy Isles of Oceania*）

们自己。否则我们怎么能认识另一个人，不止从他身上挖出一个又一个旅行建议？我们怎么能开始认识这个世界？”

就这样，浪游就像没有特定目的地或者目标的朝圣之旅，不是为了答案而上路，而是庆幸自己有机会提问，拥抱路上的不确定，对一切都开放以待。

确实，如果你上路时有明确的日程和目标，你最多也就是实现目标获得快乐而已。但如果你睁大双眼，抱着好奇之心去旅行，你会享受到更丰富的快感，当从一地前往另一地，你能感受到的可能性从四面八方扑面而来。

开始

不要被自助旅行的所有细节要求吓到。世界上任何一个地区都有自助旅行圈，像你一样的普通旅行者到处都是。当然你想最终从圈中走出来，但这个旅行圈有内生的支持团体，这是你开始旅行的好起点。

如果你不知道在一个地方干什么，那就先在新环境里走走看。走到你觉得这天开始有意思了，哪怕这要你走出城外在乡间徘徊散步。最终你会看到一处风景或者遇到一个人让你不虚此行。如果你在步行途中迷路了，那就坐个公交或者打个的士到当地的名胜建筑，然后从那返回你的住处。

旅行开始就要记日记，你要为自己定下规矩每天写几行。再短再乱都不要紧。用来记故事、新鲜事、感受、差异和观感。这就是你经历和成长的记录。

每日差事

因为浪游就是把整个生活都放在路上，每周你都要有些时间做些基本的准备，比如买火车票、洗衣服、换钱、买洗漱用品、发电邮。每周都分点时间做这些事会让你在做更有趣的事情时不被打断。

换钱的时候，为了防止柜员出错，永远记得在离开银行或交易柜台前数好钱。在黑市汇率更划算的国家，尽量在一个固定的场所而不是在公共空间兑换钱（比如酒店和珠宝店就很寻常）。先确定汇率，数好对方给你的钱后再把你的钱给他，不要接受弄脏或掉角的钱。在那些面值大的国家，一堆小面值的钱太难数了，你得特意要大面值的纸币。万一你的黑市交易商变得奇奇怪怪的（比如做一个非同寻常的要求或表现得咄咄逼人），你有权利即刻离开。

避免一次就定好太多旅行安排，因为这会影响你的创意发挥。即使有多程折扣，比如有名的欧洲铁路通票，那折扣也需要在你需要频繁换地方的情况下才划算。提早预订是可以的（比如火车的例子就很必要），但一次订一段行程就行。

有些地方（比如印度）有独一无二而且很便宜的洗衣服务，这是很多地方都没有的。幸运的是，给自己洗衣服很简单。在你旅馆房间里把洗脸池堵上，用沐浴露当洗衣液。拿一段橡皮筋当晾衣绳。如果衣服在早上还很潮，最好的办法就是当天穿出去（这样做尽管开始很不舒服，但也比在背包里放一件湿衣服要好得多）。

世界上大多数人都不依靠超市的罐装食物、微波炉热餐或者小吃过活。大胆去露天市场去感受下更健康的生活吧！

住宿设施

在旅途上找酒店和客房一般都不是什么问题，所以不要着急预订。唯一的例外如下：1. 当地的庆典或旅客旺季让当地宾馆很紧张。2. 如果航班到达很晚而你也不想在半夜满城找酒店。

在大多数地方，便宜的旅馆和客房都是本地人经营，自助旅行是促进当地经济最好的方式。更好的是，本地人经营的住宿一般都能讲价，尤其是旅行淡季的时候。很多地方连续几晚入住也能打折。

在看到房间之前不要登记。看看房间的电和水是不是能用，确保门锁是能用的。看看你房间的位置是不是挨着迪斯科厅、清真寺、工厂、主干道或者其他每天特定时候会很吵的地方。

白天离开房间出去探险时，拿上酒店的名片以防万一。当你迷路或者忘了你住哪儿的话（你还别不信，这在旅行时经常发生），即使你找不到卡片上回去的路，出租车司机也可以。

世界上很多地方都用的是“蹲式”厕所。如果你计划不走寻常旅游路线，你最好提早学会怎么用。幸运的是，蹲式厕所非常干净，当然如果你不想用水“擦”自己的话，你应该自己带手纸。

讨价还价

在发达国家之外的地方，通常只有餐馆或者公交明码标价。几乎所有其他产品和服务（从酒店到礼品到商品）都是能讲价的，只有傻瓜才不还价呢。下面就是探索非固定价格世界的一些小贴士。

礼品

刚踏上异国土地的你或许会惊叹于各种异域景观，但要克制住立刻买礼品的冲动。这不仅能帮你减少提着这些礼品在接下来的旅程中走来走去的麻烦，在接下来的旅程中，你将会有更多的选择和更实惠的价格去挑选礼物。

还价时，让卖家先出价，不要上来就砍一半。卖家早就调整好自己的报价来应对你这样的讨价者了。你应该在出价前看看卖家是不是会出一个更低的价格。当你还价时，态度要友好且坚定（哪怕开玩笑），避免粗鲁或者居高临下的态度。相应的是你也别被卖家动情夸大的请求忽悠了。要记住他或者她比你有经验得多，而世界上最成功的销售技巧就是要让来自第一世界国家的消费者对不花更多钱购物感到愧疚。

作为尽责消费者的首要原则：永远不要报价然后不买。如果你不确信自己想不想要，别报价，句号。

在多数游客区，礼品店售卖相似的物件。在决定购买前多比较，需要注意的是，别让卖家觉得你这么做是不礼貌的。毕竟竞争才让良性市场蓬勃发展。

在旅行旺季讲价会极度困难，那会儿游客愿意为一切支付溢价。如果可能的话，在淡季再买礼品吧，商品都一样，但卖家更容易妥协。

出租车和交通

海外的出租车计价是很复杂的问题。有的出租车有计价器，有的没有。有的“坏了”，有的过时了。所以别以为所有出租车都一样。在上车前确保计价器能用，也确保司机开始翻牌计价了。

没有计价器的出租车在世界各地是普遍的，也是合法的。在打车之前要谈好价格。在价格没谈定之前别上车，没确定价格前也别让司机催着或者吓唬你上车。

不要把你的包放在出租车后备箱里，这通常都是精明的出租车司机谈判的筹码。如果你别无选择必须用后备箱，要记住把所有的行李拿下来之后再给司机钱。

在有些地方，出租车或公交司机会提前给你报价，然后说你的行李“也算一个人”要收双份钱。如果你的包确实占了一个公交座位，这也不算过分的要求。所以要提前确认你付的价格包括你自己和行李。

同样，有的出租车司机会给你的团报个价，然后在结账的时候说那是每个人的价格。这是明显的骗局，避免骗局就需要你提早确认这个价格是个人的还是全体的。

最重要的是，出租车和公交司机都是很有趣友善的人，他们有很多故事。你要防备着可能的骗局，但也不要偏执妄想，粗鲁对待司机。毕竟，你在路上的安全掌握在他们手里！

浪游心声

大学最后一个暑假，我拿着欧洲铁路通票，在每个国家都待了36个小时。除了少数几个，我对大部分国家的文化或者精气神一点都没感受到。我在火车上花了太多时间吃乏味的封装食品，在意大利应该没人吃这些。最后我精疲力尽。这个暑假我在韩国住了5周。我和女友租了房子，报了个每周20小时的语言班，傍晚的时候我们一起吃烤肉，蒸桑拿放松，喝韩国烧酒，在卡拉OK厅里和新老朋友一起唱歌。这场旅行拯救了我，让我重获活力，这是我在那快节奏的欧洲之旅完全没有享受到的。

——安迪·哈弗布莱克，26岁，博士生，华盛顿满怀热情背上背包、狠命快节奏旅行是件很容易的事。打卡狂人从新奇或标志事物上寻求满足，大多数人都这么做。如果你旅行时间足够长，热情逐渐消退，你会放慢节奏，用自己的方式去旅行。你会知道旅行的最大价值不是你看到过什么，划掉了清单上的哪些地方，而是从旅行中结结实实学到的东西。要有勇气从背包客高速公路上跳下来，越早越好。放下指南书，睁大双眼去看世界。

——詹·米勒，39岁，自由撰稿作家，加拿大

慢下来，然后在旅行开始时记住这件事：忙碌是懒惰的一种形式——懒于思考和随意行动。有所选择、聪明地少做事通常才是更有效率和有效的方法。聚焦在经历的质量而不是数量上。好好了解一些地方，不要定过满的行程，那会让你不得不匆忙环游世界，只能透过苹果手机去体验一切。换句话说，尝试去生活，体验生活，而不是为未来去收集故事。

——蒂姆·菲利斯，38岁，作家，圣佛朗西斯科

浪游档案

约翰·穆尔

(John Muir)

只有不带行李，在静默中独自前行，一个人才能真正走入荒芜的内心。所有其他的旅行只不过是尘土、酒店、行李和杂谈而已。

——约翰·穆尔，1888，写给妻子的信

他被世人公认是美国第一位真正的环保人士，约翰·穆尔诠释了为什么最好的旅行要对身边的环境充满热情。穆尔1838年出生在苏格兰，成长于威斯康星州，29岁时因为商店里的事故短暂失明，一个月后视力逐渐恢复后，他决心出发去看世界上的美景——森林、高山、湖泊，那些他险些再也看不到的景色。他步行出发，走了1000英里，从印第安纳波利斯走到了墨西哥湾。最终，他走到了加利福尼亚，爱上了优胜美地和内华达山脉。毕其一生，他的漫游将他带到了阿拉斯加、南美洲、澳大利亚、非洲、日本和中国。

从一开始，穆尔的旅行就是被大自然的热情所驱动的，他总是在到访地深入学习当地的地质学和花草知识，从来不急于冲向目的地，他曾经跟一个朋友说如果他能一路上探索前行，“迟到四十年或者更长时间”都不算什么。

穆尔坚信生命的最大错误就是认为你与目的地、经历和环境之间是截然分开的。他写道：“只要我们仔细看一件事，总能发现宇宙中的万物关联。”

第六章：见邻居

旅行是我们拯救某地人文性的最佳办法，把这些地方从抽象和意识形态中解放出来。

——皮科·艾尔《我们为什么旅行》

印度有个寓言，说的是明智的国王派出两个朝廷大臣探索远方。国王观察到一个大臣傲慢无礼、自以为是，另一个则有着开放心态，乐善好施。在旅行多个月后，两个人回到朝廷汇报各自的发现。国王问他们到访的城市，乐善好施的大臣说他见到的外国人非常好客，大多都有着好心肠，和在家里见到的人们并没有太大不同。听到这些，那个傲慢的大臣用妒忌和嘲笑的语气说他去的城市都是腹黑的骗子、小偷和野蛮人。听到这些汇报，国王哈哈大笑，因为他派两人去的是同一个地方。

释迦牟尼说“你是什么就看见什么”，除了旅行我们很少遇到这么明显的事。不同于简单的度假（你很少有机会和环境互动），浪游需要你和路上遇到的人交流，这时你的态度可以成就或者毁掉你的整个旅行。艾德·布林写到“如果你认为世界主要是充满敌意的地方组成，它还真会成那样的”。当然，按照同样的逻辑，正面的世界观也能带来有启发的、以人为主的旅行经历。

你在浪游路上遇到的一些人也是旅行者，他们很多来自北美、欧洲、澳大利亚或者日本。这些旅行者会很自然认同你的兴趣、价值观和自主选择，他们是在路上最可靠也最值得交往的群体之一。当你在多雾的天气和旅伴一起爬山，或者在海滩上等待日出时东倒西歪地讨论哲学话题，时不时你都会感慨自己有多么幸运能遇到这么一群冷静闲适又思想开阔的人。很多浪游者也会成为你将来几个月、几年时间远距离的朋友（有些情况下还是你的异地情人）。更值得一提的是，你可以学到同行旅伴身上的文化。这些年来，我在缅甸唱的是挪威喝醉酒后唱的歌曲，我在拉脱维亚学的是智利政治的种种细节，在约旦掌握了日本的餐桌礼仪。和加拿大人一同的旅行教会我的东西比我之前很多个周末去温哥华学的还要多，和英国人无数次的交谈让我意识到两个人即使说同一种语言也会被搞得困惑异常。

那些走访异国但坚持只和本国人联系的人，他们变换了地方，却没有变换习俗。他们看到新世界，但还是老样子；口袋空空，脑袋空空，拖着疲倦的身体旅行回家，思想却一丝未动。

——查尔斯·卡勒布·科尔顿《拉康》（*Lacon*）

当然，你也不要和其他旅行者搞小圈子。耶稣教导我们“你们若单请你弟兄的安，比人有什么长处呢？”确实，离开家后，你会发现最吸引人的经历和令人大开眼界的相遇都来自那些生活方式、出身背景和你完全不同的人。在旁遮普到底哪次相遇让你受教最多：是和不可知论的新西兰人一起喝印度翠鸟啤酒还是和友善的印度锡克教徒一起喝茶呢？在古巴你更喜欢哪项活动：和一个喜好社交的德国大学生一同去潜水还是和同样爱社交的哈瓦那奶奶一同跳伦巴？哪些经历是你回到家以后更想和朋友们分享的？当你老了以后你更能记住哪些？

和远方的人交流能让你对自身文化有更多的直觉触感。在美国正确和错误的事并不总适用于其他国家，如果你不停按照自己的价值观去看待别人，你将不会有从别人的视角去看世界的机会。比如美国人重视个人主义，但多数亚洲文化把个人主义视为对责任和家庭的背叛。西方人喜欢在商业谈判中表现直接和客观，而东方人将此看成冷冰冰、不人性化的行为。有些文化中的人根据你的宗教（或者你没有宗教）来判断你，其他文化则会根据你的富裕程度（或贫穷）、外表或者性别来采取相应行动。在书上读过这些文化差异是一回事，但经历过又是另一回事。毕竟，文化身份出自本能，而不是后天习得的，这意味着挑战不只来自你如何管理自身行为，而且还来自你对其他人不熟悉的行为方式作出的反应。

比如我在韩国教英语时，学生对我非正式的教学方式的反应让我很受挫败。我想如果那些大学生把我当朋友而不是老师的话，那样会更激发他们学英语的动力，于是我把很多“课”都放到咖啡馆和酒馆里上。学生们似乎都很享受这种非同寻常的学习环境，但我向别人介绍他们是我朋友时，他们都总是拒不开口。一个好学的大二学生坚持说：“我们不是你的朋友。我们永远不是你的朋友。”刚开始我把她的反应当成是对我这个外国人的敌意，这让我很失落。直到几个月后我才知道韩国人对友谊的概念和西方的概念大不相同。在他们孔子儒学的行为系统里，“友谊”是用于社会地位平等或相近的人之间的关系描述，把老师当成“朋友”（而不是更高的等级）对双方都是很严重的冒犯。

文化意识通常是负面体验的积极产物，再也没有什么比意外更能让你感受到敏感训练了。毕竟我们是通过自身文化的自由、民主、平等来理解“文化敏感”这个概念的，而这个假设很可能对某种思维方式是有冲突的。旅行的目的不是去衡量其他我们不需要完全理解他人和他们的习俗才能和他们交往，我们能在交往过程中学习；正是在这种不知道所有规则的情况下交往，在某些情况下即兴发挥才让我们有机会成长。

——玛丽·凯瑟琳·贝特森《边缘视野》（*Peripheral Visions*）

文化的对或错（毕竟，你可以坐在家里做这件事），而是去更好地理解这些文化。

因此，在其他国家与人互动的秘诀不是调校好你自己的政治正确感（这也是西方概念），而是去调整你的幽默感。毕竟大部分的喜剧都不过是场景错配：杰克·莱曼打扮成女人，安迪·考夫曼对口型演唱大力鼠的主题曲，杰里·宋飞和他都记不住名字的女士约会，想想看，除了去遥远国度的旅行你还能到哪找如此极端错配场景的地方？身处奇怪新文化场景下的关键就是有自我嘲笑以及从容处理的能力。

尽管幽默看上去是面对陌生环境时很现代的应对方式，但其实这是经受时间考验的旅行策略。14世纪的摩洛哥浪游者伊本·巴图塔就时常在他穿越非洲、亚洲和中东的28年旅行中运用他那低调的幽默感，其中一个旅行例子让我想起自己的旅行经历。巴图塔发现自己在波斯城里迷了路，他问一个当地的托钵僧是否会说阿拉伯语，“会”，托钵僧回答说，使用的是阿拉伯语里表达“是”的谦恭词汇。备受鼓舞的巴图塔紧接着详细去问最近的旅馆在哪，然后发现“是”是托钵僧会说的唯一阿拉伯词汇（类似的，我曾花了两个小时在菲律宾宿务岛港口游荡，终于搞明白回答“是”或者“不”永远不会帮我找到一个自动取款机）。

巴图塔《游记》中关于文化错配最生动的描述是这个摩洛哥人在印度尼西亚访问“无信仰的苏丹”时：

> 苏丹列席拜会，我看到一个人手里拿着把好像是用来装订书本的工具刀。他把刀架到自己脖子上，发表了一通我听不懂的长篇演说，然后双手握紧刀滑向自己的喉咙，手稳刀利，他的脑袋滚落在地。我对这样的举动很吃惊。
>
> 苏丹转向我问道：“你的国家有人这样做吗？”

如果巴图塔可以从这个地方全身而退的话，你也可以在浪游时处理好友好得多的遭遇。

在路上，在幽默感之前首要必备的是谦卑感。毕竟，如果你趾高气昂得好像整个世界都属于你的时候，你是很难去自嘲的。

短短几百年前，谦卑甚至都不是旅行者的选择，而是生存的必需。中世纪的探险者见到一个小区域的长官也要顺从地匍匐在地，而他要做的不过是像现代旅游者去申请签证这样的事，甚至马可·波罗在见到大汗时也要卑躬屈膝（确实，如果你认为傲慢

> 对那些希望能和周围人相安无事地相处的人来说，旅行最大的收获也许就是学会最基本的共同价值观。
>
> ——弗雷娅·斯塔克《风中的英仙座》（*Perseus in the Wind*）

的官僚在国际边境试探你的傲气和耐心，只要记住16世纪到访东非卡兰加的游客，他们要见当地的君主就要被迫在新鲜牛粪上滑行的同时有节奏地拍手）。想想这些，看看已是现代旅行常见的外交豁免规则。即使在隔绝地区，即使保障你的安全和自尊的正式法律不过是抽象的条款，大部分地区的人对待旅行者也是足够热情好客的。

不用说外交豁免，谦卑对于处理与异国文化的差异总是一种有用生活方式的补充。托马斯·莫顿在《沙漠的智慧》（*The Wisdom of the Desert*）中描述了一位4世纪的僧侣，修道院院长要求谁侮辱他，他就要给谁钱。僧侣按此教条虔诚做了三年，随后获准到雅典旅行深造学习。莫顿写道：

> 门徒进入雅典城时遇见个人，他坐在城门口侮辱进出城的人。他也侮辱了门徒，门徒即刻放声大笑。
>
> “为什么我骂你你还笑？”门口那人说。
>
> 门徒回答说：“因为整整三年我听到这样的话要付钱，

而如今你骂我却什么都得不到。”

“进城吧，它是你的了。”门口那人说。

浪游路上，你当然不会经常被人侮辱，但这个古怪的类比故事依旧适用。毕竟，如果你能从侮辱中获取快乐，能在原本让你生气的事中学会放声大笑，作为一个跨文化旅行者，世界确实“都是你的”。

如果说文化开放和谦卑有什么风险的话，那就是你会被带偏。有时，异域文化的简单、贫穷和纯净看起来如此吸引人（确实如此，要不你作为浪游者也不会来这地方）以至于你会为了这种新理想彻底放弃你自己拥有的文化。在19世纪这被看作是“浪漫原始主义”，这种要大批量引入其他文化优点的想法颇为天真，持有这种想法的人数在20世纪60年代末大批西方嬉皮士前往印度时达到顶峰。20年后，印度作家吉塔·梅塔不留情面地指出这些嬉皮士访客如同困惑的小丑一般把“自我陶醉的纵酒狂欢”当成神秘主义的指引。

梅塔在《因缘可乐》（*Karma Cola*）这本书里写道：“这是怎样的景象啊，成千上万的人撞击大镲、敲钟，吹着笛子，穿上鲜艳的奇装异服，又唱又跳地说着各种语言……一屋子放荡不羁的人凭借彻头彻尾的无知，抛开种姓、种族和性别，混在一起。混乱产生了诱惑。他们认为我们很简单。我们认为他们很光彩。他们认为我们很深刻，但我们知道自己的局限。每个人都认为其他人那些投身旅行的人，通常都会从不带地域偏见的角度做旅行计划……从公正立场出发看待当地的人事物全貌，但并没有任何一个国家能提供这样的体验。

——约西亚·塔克《旅游者指南》（*Instructions for Travellers*）

都很荒谬，充满异域风情，而每个人都搞错了。”

旅游学者把这样的文化迷恋的半成品归结到永远在变化（和多少有些疏离）的现代社会本身。学者们说，为了成为这样植根传统文化的一部分，现代旅行者努力确认自己感知的真实性并重新发现自己和过去丧失的联系。这也不只是嬉皮士的陈词滥调。一个围绕“民族旅游”的旅游工业都建立在对隔绝社会的情感迷恋上。在亚马逊流域，游客们在丛林中花费数日寻求和那些停留在石器时代的部落互动。在格陵兰岛，游客们花大价钱去观看因纽特人的传统猎海豹活动。在南太平洋，几乎要消失的舞蹈传统被重新唤醒，而跳舞唯一的目的就是娱乐旅游者。

游客对异域的迷恋引起了一些令人迷惑的结果。当那些隔绝的文化和现代旅行者接触越来越多时，自然而然也会从现代便利性里寻求越来越多的东西。当然，当这些少数民族的人越多接触收音机和摩托车，他们就显得更不“真实纯粹”，也就变得没那么吸引游客了。在巴厘岛这样的地方，当地的种族村庄选用了“策划的真实”（当旅游大巴来时，把电视机藏起来，把T恤换成民族服饰），目的就是保持旅游业支撑的经济。巴厘岛村民穿上蓝色牛仔裤时还是巴厘岛人，但那和“民族旅游”的市场需求并不一致。随之而来的，我们看到了这些超现实主义的场景，来自洛杉矶的游客前往泰国旅行看的是现代化后的苗族村民穿上民族服饰，而这些游客却永远不会想到在洛杉矶去拜访苗族美国人。如同历史学家达戈伯特·卢内斯讽刺地说：“人们旅游到远方，兴致勃勃地观看他们在家忽视的人群。”

或者，从情景喜剧《宋飞正传》里套用一个段子，很多游客环游世界不是和外国人打交道，他们打交道的对象是充满异域风格的服饰。

要真正和你旅行中遇到的人交往互动，你就需要学习不把其他文化当做《国家地理》上的快照而是把他们当作邻居。就好像你和家乡的邻居一样，和远方的人们交往也是双向的。确实，就好像你觉得西伯利亚的楚科奇族或者纳米比亚的布希曼人充满异域感一样，他们对你的感觉也很可能是类似的。皮科·艾尔在《全球化灵魂》（*The Global Soul*）里写道：“我们邻居的生活对我们来说好像是童话一样。被忽视的附录才是我们的生活，最细微的细节都好像是不可思议的大事，在陌生地方旅行的一大好处就是每天我都能提醒自己对它有多陌生。”

离开家是种宽恕，当你置身于陌生人群里，你会惊叹这些人有多体面。没人嘲笑或在背后议论你，没人嫉恨你的成功或期待你的失败。你能重新活过，如同救赎一般。

——加里森·凯勒《离家》(*Leaving Home*)

这样相互吸引将会在路上让你的相遇更为充实，因为这让你在认识全球邻居的时候也让你去学习（也去教授）关于你自己家的故事。

我在旅途中怎么才能见到当地人?

在你浪游的每个日子里，遇到当地人已不是什么新鲜事。从开始的机场兜售者到遥远山区的牧羊人，你在旅行时很少是独自一人的。但重要的是要记住，你和这些“邻居”的关系随着情境不同是不一样的。

比如你的性别就会影响别人如何和你互动。确实，我在这本书里讲的大多数事对男人女人都同样适用，但跨文化的社交互动是明显的例外。这是因为女性旅行者会更频繁地成为好奇、骚扰和双重标准的对象。简单的礼貌和眼神接触在传统文化中都可能被男人错误理解，在世界很多地方女性独立也和淫荡概念混淆在一起。虽不公平，却很现实，所以女性旅行者要自我把控。大多数指南书都会对女性旅行者有特殊的文化建议，比如相对保守的穿衣要求。在伊朗穿上黑色罩袍也许并不舒服（尤其是男性旅行者可以穿普通的西方服饰），但这样的经历可以让你对当地妇女生活有更独特的感受。而且，女性在保守文化中也时常有社交优势。曾有一次，我在中东地区逗留了五个月，但这些穆斯林国家的男女让我没有机会知道阿拉伯妇女是如何生活，如何思想。我发现自己很羡慕女性旅行者，尽管有时会被当地的浪荡子弟骚扰，但她们有一个无可匹敌的优势，那就是她们和当地的男女都可以深度交往。

除了性别，你和当地人的关系也取决于你在哪个国家旅行。冒着过于简化的风险，我说两个在任何文化中旅行者主要的社交场所：游客区域和非游客区域。两个地方都有很好的机会和当地人交往，但重要的是你要有能力区分开这两个地方，因为这两个地方中的人们看你的眼神是不同的。当然基本的文化礼貌在两地都适用（再说一次，任何一本像样的指南书都能提供文化信息，包括当地礼仪、身体语言、着装规范、小费和餐桌礼仪等）。

什么是“游客区域”，他们会怎么影响我同当地人的关系?

不管你是不是把自己当成“游客”（不是“游客”就是“旅行者”，我将稍后区分两者之间的差别），不可否认的是你旅行的大部分时间都在游客区域，包括机场、酒店、汽车和火车站、市中心、历史景点、自然公园、国家遗址和其他聚集旅行者的地方。

在这些地方，很多当地人都会用友谊当敲门砖来兜售旅馆住宿或纪念品。尽管这很讨厌，但这并不一定都是精于算计的骗局。毕竟，旅游业就是从传统的好客习俗发展出来的，很多本地人即使要卖你东西，他们也是真的对你感兴趣。这样，你在路上和当地人的互动在多数情况下都发生在当地人提供某项服务时，比如出租车司机、旅馆前台、零售店主等。这些人大都为了你的钱喜欢你（确实，是你的钱在养活他们全家），但是不排除有些人作为真正的朋友和文化东道主能给你提供很多你意想不到的服务。在所有和埃及本地人的交往中，我最好的朋友是个酒店文员，他不上班时就陪我一同看电影、逛市场。我在缅甸遇到的所有人里，让我学到最多本地文化的是个三轮车夫（我付钱让他蹬着他的三轮车到处闲逛）他把我带回家见他的家人，然后坚持让我在旁边的寺庙免费住宿。

当然，游客人数太多了，并不是每个酒店文员和三轮车夫都有兴趣交朋友。“旅游业能成为欣赏比较文化和国际理解的桥梁。”瓦勒内·L.史密斯在《主人和客人：旅游人类学》（*Hosts and Guests: The Anthropology of Tourism*）中写道：“但是，满足客人需求是重复又无聊的生意，尽管每个客人提出的问题对他自己而言都是‘新’的，主人却好像开启录音带一样无聊。”除此之外，在异域和外国人打交道时，你甚至不能认为交往永远比买卖好。澳大利亚的研究显示，比起真诚的旅行者，土著人其实更喜欢和游客那不带感情的交易，因为被大巴带来的众多游客更有可能买下纪念品而不是问一个又一个令人讨厌的问题。“我们当然欣赏那想和当地人有更多联系的探险旅行者的动机和好意”，旅游专家厄夫·钱伯斯写道：“但要知道，有的主人其实更愿意挣游客的钱然后摆脱他们。”

即使你和当地人的交流是明确以个人和交易为基础的，但也要确保遵守简单礼节要求。锻炼你的微笑肌肉，演练你的个人魅力，在别人应该怎么对待你这件事上抛开你自身的文化假设。毕竟大多数文化都对美国式服务不那么熟悉，世界上也没有多少人像我们那样笃信个人“权利”。在当地的语境下考虑当地人的行为，别为搞错的饭馆点单和晚点的汽车大发脾气。即使面对推来搡去咄咄逼人的小贩，一句坚定客气的“不，谢谢”也总比大发雷霆好很多。试着不要发脾气，无论有多累有多挫败，因为这只会让你的处境更困难。不要通过欺负或者操控别人来得到你想要的（当然也不要让游商小贩欺负、操控或者对于感到不买东西有负罪感）。到了万不得已的时候，无论谁在烦你，无视就好。

旅行者和当地人之间围绕钱会发生很多麻烦又不和谐的事情。因此，练习节俭很重要，但同样重要的是对预算不要过于执着。有意识地花钱是一回事，但固执地非要在一个平均收入都不如你回家飞机票价格的国家找到最便宜的价格就是另一回事了。确实，再也没有比一个前往当地酒吧的“自助旅行者”为了10美分对三轮车夫大发雷霆，而他在酒吧里喝瓶啤酒都要10美元的景象更可气了。要知道无论你去哪里，你都是推动经济发展的一部分，强迫自己不花钱这事也不是啥美德（尤其是很多开销都对当地家庭有直接帮助）。一方面，知道当地特产和服务的时令价格是正确的，因为（尽管和家里相比这里的价格很便宜）持续地多付钱会把小贩搞糊涂进而抬高其他游客来访的价格。但另一方面，你也很难同情一个发达国家的旅行者选择在森林里睡觉和在路上搭车，只为省出第三世界国家一个月的收入（还是把省出的那个月钱用在家里送货攒出来吧，这样可以在旅途上帮助当地的公交司机和酒店员工）。

在路上花钱的首要原则就是看看本地人怎么做。这不仅能帮你更好理解当地的价格和习惯，也能在讨价还价、对待乞丐等多方面给你一个文化参考。即使你偶尔作为外人被人“好好骗了”一次，也要记住这是早已有之、历久弥新的传统。毕竟，跨文化贸易是地球上最古老的和平交换形式，被人狠敲多花3美元买个恶魔面具纪念品（在蒙古我就这样）真不算什么。

在非游客区域的互动是什么样的？

离开游客区，最尴尬的事情从本地人对你的钱感兴趣变成了对你这个人感兴趣。在不会有太多外来客的地区，你的出现可能真的会让街头停止活动，孩子们会尖叫然后指指点点。十来岁的人会用一种好笑、唱歌般的声音喊“Hello”。成年人将会惊奇地看着你的外国皮肤、头发、个头或者服装。当你停下来休息或者吃东西的时候，人们会围上来着迷地看你做事。有时候，你也很惊奇、很累，人们对你那莫大的兴趣几个小时都不停止。有一次，我在柬埔寨东北部的边境旅行，在一个叫奥普萨特（Opasat）的村庄享受了四天这样明星般的待遇。一个年长的村民见到我激动地把我13码的拖鞋一把扯掉，开始拉我的脚趾头。刚开始我还以为这是某种按摩术，直到她伸进我的衬衫开始拉我乳头上的毛。

当然，并不是所有离开游客区的相遇都会变成与世隔绝的村民对你产生人类学上的好奇。有些对你感兴趣的人是城里的中产阶级，他们想听听你对体育、政治或者流行文化的观点。尽管这些穿着时尚，在交谈中吐出嘻哈流行语的人和你关于外国旅行的想象不大一样，要记住他们同样也是你访问文化中的一部分。尽管随着全球化恐惧、乔丹鞋和互联网不断发展，全球的中产阶级并没有变成美国的克隆。确实，你在路上最有趣的经历一部分会来自和你从事同样职业的本地人。不管你是一个学生、网络设计师还是卡车司机，和本地操持同样职业的人交流总是迷人又富有收获。对以前做老师的我来说，最棒的旅行经历就来自匈牙利、黎巴嫩和菲律宾。那里的老师邀请我参与到他们的英语课程之中。

如果带着微笑在周边闲逛，你会很惊奇你遇到本地人的概率之高，但这也不是在新环境下和人交流每次都有用的方式。有时候，本地人会有点害羞或心不在焉，所以你要知道怎么和他们沟通。一个简单的选择就是走到本地人面前问他们哪里能找到一个好的餐馆。即使他们不知道你要干什么，大多数人都会接上话头帮你忙（很多时候，他们都会去找邻居里能讲英语的“明星”，通常是个十来岁的学生或者是去过很多地方的年长者）。公众集会的地方如咖啡馆、酒吧和茶馆总是和本地人混在一起的好地方，因为咖啡因和酒精总能促使人们打开话匣子，变得外向。聊体育和音乐也是和人打交道的好方式，如果你能在街头巷尾分享你的音乐或体育技巧（也可能你没有），或者把逛商场替换成球场。我在泰国输过无数场排球赛，但赢回了很多朋友。

很多人在公众场合用相机打破僵局，尽管你在拍别人照片前总要获得许可（答应要发给人家的照片也永远不要食言！）。相应的，记得带上你自己、你的家乡和家庭的照片，展示给路上的人。不仅因为这样的照片可以是很好的谈资（或者是纪念品，你也应该随身携带几份），在别人好奇的时候，这些都可以让你更有人情味。有一次，我和几个同行者一起在埃及的西部沙漠拼车，发现我坐在一位虔诚的教徒旁边，他长篇大论地就美国“颓废”的价值观数落我。在发现无论反驳什么都没有用之后，我把话题转到我父母、祖父和我侄子的照片上来。没过多久，那个人就开始问我各种真诚而直率的关于美国生活的问题。以前我被视为穿着短裤被晒伤的异教徒，照片创造的氛围却显示我关心我的家人如同他关心他家人一样。

在路上最后一个十分简单的和人沟通的方式就是和当地小孩玩。和大人不一样，小孩不会被语言隔膜吓倒，他们看到你的傻脸会高兴地大笑，主动就会加入你的游戏之中，跟着简单的曲调唱歌（对付小孩要记住的是，对他们来说最好的礼物是你的时间和精力。有的旅行者给小孩糖果或者钢笔，想表达善意或者教育他们，但是适得其反，此举会让小孩去向下一批旅行者们讨要糖果和钢笔）。

旅游时我怎么才能跨越“语言鸿沟”？

21世纪旅行的一个巨大优势就是英语已经成为世界绝大多数地区的通用语。即使找不到讲流利英语的人，你也总能找到会说一些短语的本地人（通常是学生）。和不能很流畅使用英语的听者讲话，要记住声音大不会让别人更容易听懂你。相反，你应该尽量讲慢点、简单点和清楚点。在听不太流畅的英语时，耐心些，试着摸索语境，从不正确的发音里搞明白对方说了什么。要记住大多数人都是跟着字典学英语的，而不是通过与人交谈，因此很可能并不知道怎样发音才正确。试着培养对不完美的“泰山英语”的理解力，也记住这声音可能比你学当地语言的“泰山音”要清晰多了。对那些对你试着讲英文的人，你要表扬他们的勇气和对你的帮助，也要试着培养一种跨文化小型对话的技能（这包括任何人都能联系起来的简单话题，比如描述家庭、食物、爱好、感情生活或者婚姻状态）。

口袋语言书对跨文化沟通也很有用，有时候你可以通过翻书（尽管很慢）完成整个对话。不管你学习新语言的能力如何，记住当地语言的一两个词汇和短语不会太难。慵懒的下午和长途巴士都是练习记忆力的好机会。有用的开场白短语包括："你好""请""谢谢""是"和"不是"，从一数到十，再加上一百和一千，"多少钱？""在哪里？"以及"没问题！"其他要学习的有用词汇还有"酒店""公交站""饭馆""厕所""好""坏"和"啤酒"。学会当地的任何谚语和俚语都能让本地人很高兴（只要你学的不是亵渎或冒犯人的话）。当然，即兴的手语和面部表情也能最终把你的意思传达出去。无论你是用声音还是视觉交流，你的努力总会引发笑声，所以准备好跟着笑吧！

我如何回应好客的邀请？

在旅游区，你要对这样的邀请有所警觉，可能是骗局（或者，至少也是去好客主人"叔叔"家的礼品店这样无聊的旅程）。一样需要注意的是，独自旅行的女性在保守文化中对待这样的好客邀约要尤其警觉。

但是在大多数场景下，好客是人与人之间基本形式的交往，和当地人一起吃顿饭或者过一晚上总会很有收获。有趣的是，我发现大多数邀约都来自个人或那些并不太富裕的家庭。

因为接待一位相对“富有”的客人对这些人是很骄傲的事，不要用招摇又罪恶感十足的拒绝来侮辱他们，或者显得大度要付账。相反，接受他们的邀请，带上简单的礼品（当地市场买的东西或是瓶酒或是从家带来的小礼物）。如果你愿意带礼物给孩子们，需要首先征得父母的许可。要对主人和他们的文化敏感的同时也要尊重，礼貌地喝一口亚力酒或者吃一口山羊肉，即使你平时滴酒不沾或坚持素食。拒绝当地礼仪或将此视为理所应当都会令人沮丧。

作为浪游者和文化客人，当你从一地到另一地旅行途中看到有需求时或在别处乐善好施（哪怕是和其他旅行者一起），要学会报答你所获得的。在东欧旅行时，让我搭车的匈牙利人从不让我为加油掏钱，他们的慷慨让我在维也纳捐了20美元给那个丢了钱的日本背包客。很可能那个来自日本的旅人受到鼓舞后也会在其他地方传递善意。这样，即使不是直接回报，试着在旅行时多多给予，当然，这也意味着要把慷慨的态度带回家。

如果我在旅程中见这么多人感到厌倦怎么办？

如果你感觉受够了在异国有人相伴，休息一下。和其他旅行者出去玩，或者好好读本书。虽然和本地人交往会令你受益匪浅，但这并不意味着你走到哪里都有义务去找寻友谊。让事情自然而然发生吧。你要人与人的直接互动，不要像买礼品似的“获得”这些经历。即使你身处较高的社交地位（比如和宝莱坞电影明星一起早餐，和刚果游击队一同午餐，或者和巴布亚的野蛮人一同晚餐），试着把自己安放在当下而不是去想着在你回去后要怎么讲故事。

这样的意识不仅能使你成为一个更好的邻居，而且能确保你在探索其他地方时永远不会想家。

海外的文化震撼

文化意识在国际旅行时会是很大的挑战。比如在某些文化里，晚饭时清盘是种礼貌，但在有一些文化里吃完还能留一些食物在盘里更能体现礼节。身体语言也可能会令人疑惑，有的文化里，如果你用左手吃饭、站着时手插在口袋里或者召唤人时手掌向上的话，人们都会认为你很粗野。一本好的当地指南书将会对这些文化话题做出明确的指引。

大多数文化都比我们的文化更加保守，当你是客人时，即使你感觉不舒服，也最好尊重这种文化。即使你没有宗教信仰，在圣地也要保持礼貌。即使你在路上有段激情浪漫的故事，也尽量不要在众人面前炫耀。

在某些文化里如果有人问你听起来很私人的问题时不要惊讶。年龄、收入、婚姻状况这些在很多地方都不是明确的禁忌，所以谈到这些时不要觉得被冒犯。很多时候，人们会问你觉得他们国家怎么样，因为很多人可能对你的回答很在意，所以最好的回答不是表达意见，而是简单对他们的文化提出问题。大多数人都会被你的好奇所恭维，也很开心去告诉你关于他们国家的事。

如果你很强烈地认同你的移民身份，回到种族上的祖国可能会受到极大的文化震撼。无论你的祖先是来自非洲、亚洲、欧洲还是拉丁美洲，你的母国很可能看起来比你想得还要外国。很多在美国出生的旅行者在踏上思乡朝圣之旅，回到波兰、韩国或者墨西哥之后，大都上了一课，浪游让每个人了解到自己到底有多美国。

女性浪游者

不用说，女性旅行者也可以像男性一样去同样的地方，在路上做同样的事。不仅有很多文字可以证明，而且到世界上任何一个旅行景点，都能发现好奇的男女浪游者数量差不多。但除了这看上去的平等外，女性在旅行中要应对一些独特的挑战。

安全

大多数外国的街道都至少和家里一样安全。但是，就像在家里一样，你必须知道你去哪里晃荡安全。通过指南书和口口相传的信息了解要回避的地区，在夜里也不要一个人走。尤其在晚上的时候，永远要保持警觉，留心身边的环境。外表和行动都要表现得自信，即使你心里也没底。不要表现得恍然无措(即使你确实迷路了)，不要站在路边就拿出地图，因为潜在的罪犯和骗子会把这看成一个让他们“帮助”你的邀请。

独自旅行时，对好客的邀请保持警觉，尤其是这种好客会让你远离安全公众区域。在酒店的时候，养成随时把门锁住的习惯，如果深夜有人敲门要小心谨慎。

人多总会更安全些。身为女性，即使你独自旅行，如果需要其他旅行者作伴（无论男女），那并不是一件很难的事。

和男人打交道

世界上绝大部分的文化中，大多数男人都会尊重女性旅行者，但少数可怕的例外总会给人添堵。或早或晚，你都会被骚扰，所以要用一种少废话的态度应对骚扰，永远不要让它影响到你的情绪。

在保守文化中避免骚扰最好的方式是遵守当地的着装习惯。而且，在路上调低你的礼节习惯也没啥大不了的，因为有时候一个礼貌的微笑或下意识的“谢谢”都会给男人传递错误的信息。如果男人挑逗你，而你不乐意，要明确拒绝他。如果他继续这样或者变本加厉（尤其是他开始动手动脚），一句大声、愤怒的“不”会把大众目光集中在他身上，让他无地自容。经常，你要提起你大块头、魁梧的男友随时都会回来，这样就可以摆脱这种不想要的注意。即使这个男友不存在，这个骚扰者通常也不会久待只为见见他。

大多数旅行者景点（尤其是海滩闲逛的地方）有很多本地的浪荡公子，他们早已准备好迫不及待地以爱为名把你扑倒。如果你只是玩玩而已，那也好。只是不要让你自己被迷倒了，陷入到不舒服的境地。针对旅客，骗子早已有成套的计划，所以看好你的钱包，同时也看好你的心。

和当地女性的互动

永远不要预设你能教当地女性的比她们能教你的多，毕竟，女权理论在保守文化中大体没用，所以要和一位当地女性团结起来，最好的办法就是听她的故事，试着去理解她的世界观和生活方式。

有时你只是简单表现得社交开放和自主，结果就和当地女性疏离了距离。这样的话，那就注意和模仿当地女性的服饰和她们与男性的互动方式吧。毕竟，她们如果感到你不是外国来的荡妇勾引她们男人的话，更有可能好客接纳你。

让你的旅程圆满的永远是人，你的同行者、窝在沙发上的房东、随意搭讪的人。尽可能地说“是”，把害羞的一面放在家里，放松些吧。

——约翰尼·瓦德，27岁，旅行博主，爱尔兰

“地图不是实际疆域”，当我迷失在一种文化里的各种细节，放弃任何理解的希望时，这句话就会在耳畔回响，我们之间的爱和相互欣赏在生长。

——埃尔顿·海内斯，70岁，美国宇航局行星科学家，俄勒冈州

树立隔阂很容易，比如时刻都在读书发邮件、每顿饭都在海外人聚集的地方吃、在住处附近边打牌边喝酒。但有时我需要自我驱动，出去做点别的事。当然，海外咖啡馆和纸牌游戏都有各自的价值，但比这更重要的事情还多的是。包括深入未知，接受邀请去一个你不说当地语言的地方参加婚礼，或者就在街头巷尾闲逛，和那些和你找话说的人聊天等等。我喜欢花很多时间独处，所以和当地人一起出去做事对我是个挑战。

——汤姆·布吉尼翁，25岁，平面设计师，俄亥俄州

我们在自己和别人的互动上设置了太多障碍。科技告诉我们在哪吃，在哪住，在哪玩。手机能翻译简单的问题，让我们都不用和当地语言搏斗。我最好的旅行瞬间就是把科技丢在背包里的时候。有一次我们被邀请去萨丁岛卡利亚里一个新结交的朋友家里吃晚饭，一大家子人都自觉加入了做饭的队伍。岳母在她家烤好一整只猪带过去，这样主人的厨房就不会热得没法吃饭了。邻居做了意大利饺子，奶奶做了提拉米苏，爷爷切了猪，花时间让我和孩子们看了猪蹄和猪头，给大家倒酒。我们用手势比划，掺杂着英语和意大利语沟通。这是我最好的晚餐！

——鲍威尔·博格，50岁，企业主和母亲，夏威夷

约翰·雷雅德
（John Layard）

他发现如果有人看起来不太正常，那通常不是食人族或者涂抹油脂的阿留申人或者铁石心肠的鞑靼人，而是那些拜访他们的人。他明白真正的外星人是那些旅行者。

——拉扎尔·兹夫《回程路》（*Return Passages*）

在有名的刘易斯和克拉克探索美国西部之前不久，一个同样无畏的美国人探索了世界。他的名字是约翰·雷雅德，他是美国第一个也是行游最广泛的浪游者。

1751年出生，雷雅德在达特茅斯上大学，本来是想成为向美国原住民布道的牧师的。但他学会了原住民开垦土地的技术，在23岁的时候，他砍了一棵松树，做了条独木舟，划了100英里到海边。从那之后他再也没有回头。他和库克船长一同探索太平洋，从瑞典走到西伯利亚。在他旅行时，雷雅德强调和本地文化交融的观点，不是为了浪漫化当地文化，而是去理解当地人如何看待现实。

在《回程路》中，批评家拉扎尔·兹夫描述了雷雅德身上的一种特质——集社会容忍度和忍耐力为一体。这种特质是所有浪游者都应该模仿的："他是最完美的民主主义者，能和那些比他强的人谈笑风生，同时不做预设，自我安定而又不自高自大；他的风格更多是从与很多当地社会人互动而不是和城里人打交道中学到的，最重要的是，他接受别人的漠不关心——要前进就得忍受。"

第七章：去探险

我们需要时不时地到自然中独处，到闲散的生活中躲避几日。人们需要逃离道义的束缚，去碰碰运气，目的就是磨尖生活的棱角，品尝苦难艰辛滋味，强迫自己做点事情。

——乔治·桑塔亚纳

《旅行的哲理》(*The Philosophy of Travel*)

数百年前，“探险旅游”包括向未知地域勇敢远征，到已知世界边缘的神秘土地，去过往被认为是妖怪和人鱼居住的地方。发掘越来越多这样的地方，未知地域就越来越小，世界的物理极限也不再是个神秘的秘密。库克船长18世纪的旅行证明了在南太平洋上并没有大陆存在，再也不可能“不靠地图出海”，自那以后人们也很难再去定义什么是“探险”。结果关于比起在地表走过长远的距离，探险更像是场深入的研究：稍纵即逝的事件插曲、片段风景或者无意中听到的或许是能唯一让人了解不同地区的评论，否则这些地区便依旧是无意义的荒原。

——克劳德·列维施特劳斯《忧郁的热带》(*Tristes Tropiques*)

冒险的“最终决议”是，冒险只能被用在过去两个世纪新的全球发现上，比如探索非洲内陆或者像希拉里与诺尔盖爬上珠穆朗玛峰这些事。

近些年来，探险旅行的概念写出来有时就是场自我欺骗的闹剧。当美国富豪丹尼斯·蒂托要花2000万美元和俄国航天员一起去太空旅游时，专家学者都不屑一评。《波士顿环球报》的主编H.D.S.格林威写道：“太空旅行者描绘了一种时代，它没有太多尚待探险旅游发现的地方了。旅游业早已触达喜马拉雅山脉遥远的村庄和婆罗洲丛林中的空地。”

这里关于探险的定义仍然是简单的身体行为，一种把自己和家乡区分为两地的仪式。在这样的思想指导下，没有未知地域引领我们，探险旅行的传承就成了攀登悬崖、深海寻船、丛林徒步。尤其是在美国(在美国，如果不能被比较衡量、比赛或者向观众直播的话，那就没什么值得大众注意)，现代探险是和极端运动，比如冰山攀岩、旱地雪橇或者高海拔耐力赛联系在一起的。

这些都很有趣，但任何有点经验的浪游者都能告诉你，真正的探险不是能在电视上看到的，或者有商品售卖的才算探险。确实，旅行公司有标准化的“探险旅游”产品，如救生筏、登山、跳伞等，但这并不意味着你要“买”才能探险（这包括字面买产品和引申含义）。当然，极端体育运动和有组织的探险从本质上说也属于探险，但是真正的探险不是能在索引小册子或体育杂志里列出细项的。实际上，探险有时就是出去玩，允许在陌生和挑战的新环境里让事情发生，有时都不是一个身体挑战，而是精神上的挑战。

想一下，以下哪种体验需要很多的创新和坚持？买好一个配向导的登顶安第斯山旅程（你可以在沿途吃冻干烤成脆皮的火鸡，登顶之后可以用卫星电话和家里通话），还是在玻利维亚的村庄逗留数个星期，在不懂当地语言的情况下学一门当地的手艺？哪一个才是真正的探险：花3000美元在勘察加半岛来一次喷气式旅行，还是花同样的钱坐着火车骑着摩托探索西伯利亚的城市和村庄？在南非结识私人潜水教练大师就比你在家和陌生人聊十分钟更能开发个人潜能吗？确实，如果在旅行中，走了这么远，要达到的是你预先设定好的大胆举动（如同你做任何日常消费一样）而且你还有所期待最终不出所料的话，那还算探险吗？

探险的秘密不是精心去寻找，而是用一种方式让它找到你。要达到这样的目的，你首先需要打破你在家里养成的防御黎明破晓前无忧无虑地起身，出发去探险。正午时在另一个湖边，晚来时四海为家。没有比此地更广袤的土地，也没有比这更有价值的游戏了。

——亨利·大卫·梭罗《瓦尔登湖》

习惯，把自己开放给不可知性。当你练习这种开放心态时，你很快就能在预期以外，在简单现实中发现探险的机会。更多时候，你会发现“探险”是已成为事实之后的命名，是用来解释事件的方式或你无法充分解释的经历。

这样的话，探险就成为你浪游路上的日常。“我们从迈出第一步就知道”，蒂姆·卡希尔说，“旅行常常是我们直面对不熟悉和不安分事物的恐惧：汤里的鸡头，无限恐惧的边缘，以及那把我们吸引到近前、迫使我们凝视虚空的悬崖峭壁。”当你开始旅行时，坐三等座的火车或者用蹲式厕所就可以称得上是探险。当很多新奇变得熟悉时，你可以通过不再依靠指南书、避免常规、允许自己转换路线来继续邀请未知。还有比根本不决定目的地在哪里，而是先到公交站看着不熟悉地名的时间表再做决定更好的探险良方吗？为了发现未知追随直觉而不是计划，还有比这更好的方法吗？

“凡是必须发生、按照预期发生、日复一日重复发生的事都悄无声息。”米兰·昆德拉在《不能承受的生命之轻》中写到：“唯有机遇会对我们言语。人们试图从中得出某种含义，就像吉普赛人凭借玻璃杯底的咖啡渣形状来做出预言。”从定义上看，要获得天意意味着你要把自己开放给未知的体验。好判断有可能来自坏体验；好体验可能来自坏判断。一切的关键都是要信任机会，永远从机会中学习，去学会看紧机会。允许自己去做那些平常你想都不会想的事，无论这是要你去探索峡谷、接受陌生人的邀请一起晚餐，或停止一切活动只为更圆满地体验一个瞬间。这些都是谦卑的选择，每一个都和跳蹦极一样大胆，不仅可以通向新发现而且还有那不寻常的来之不易的快乐感。

当做出这些谦卑大胆的选择时，你会发现探险是非常个人的选择。我最喜欢的探险描述来自汤姆·布吉尼翁写的电邮（他是一位美国旅行者，我最早在开罗遇见他），他把他最好的亚洲探险经历列表如下：

1.在老挝南部和一对荷兰夫妻闲逛。有一个晚上我们比赛看能让哪种动物吃掉最多的飞蛾：一只猫，一只小鸡，一只壁虎，还是一条狗。

2.凌晨4点在西贡的地下酒吧里和一个健壮结实的巴基斯坦人推推搡搡，起因是我们对台球规则有争议，之后几分钟后我们手挽手，一起唱枪炮与玫瑰乐队的歌。

3.在老挝南部的丛林深处找了条瀑布，整日都坐在那，静静聆听。

4.和一个疯狂的匈牙利横笛演奏者在开罗小巷里悠来晃去，试图找那个神秘的（可能不存在的）咖啡馆，据说他们在水烟管里放了有劲的料。

5.在婆罗洲爬基纳巴卢山，东南亚最高峰有4100米（不难爬，但很刺激）。

并不是所有人都能在像汤姆选的这样古怪又漫不经心的场景里找到个人探险，但这就对了。探险来自那些你让它来找你的地方，任何探索的第一步都是要发现你自己内心的潜能。梭罗在《瓦尔登湖》里写："应该成为一位哥伦布，去发现你的内心中的整个的新大陆和新世界，应该打开新的渠道，那不是贸易的新渠道，而是思想的新渠道。"

像过去很多伟大的探索者那样，你旅行探险的很大一部分都会来自意外。有些意外偶尔发生而且会有正面意义，有一次，我在俄罗斯和蒙古边界错过了火车，为了追上这趟火车，我很享受那种异常狂妄要追逐横跨西伯利亚的汽车的感觉。当然在其他时候，旅行事故也会变得很可怕，就像我在老挝南部晃进了霍乱爆发区，在一个很原始的丛林医院里吐了整整三天，肠子都要吐出来了。当然，要成为好的探险家的秘诀就是，从容真正善良和智慧的人将会尊重并承受命运带来的一切，在他处境下做到最好。

——亚里士多德《伦理学》（*Ethics*）

应对所有这些意外。佛祖教导我们“无论发生什么，好人继续前行。他们不说无用的话，无论好坏都一样”。

记住这句话，你会把每次遇到旅行的挫折、疾病、恐惧、孤独、无聊、对抗都当成浪游探险中的又一次好奇经历。学习享受你最糟糕的体验，就好像观看在你自己的人生史诗体小说里那扣人心弦的灾难篇章那样。“探险的人喜欢海难、兵变、地震、大火以及所有不好的经历。”伯特兰·罗素写道：“比如，他们对自己说‘这就是地震的样子’，他们对在自己的世界知识里增加这个新项目感到很高兴。”

当然，为了保持这种对不幸遭遇的开放态度，你可不能被带偏——刻意去寻找不幸遭遇。比如，当你饱受疟疾之苦时，保持积极的探险精神是明智的，但如果你坚持邋遢的生活习惯有意得病那就是愚蠢了。同样，被抢劫（好像我在伊斯坦布尔那样）也被认为是旅行的重头戏，但是如果你只是为让事情有趣，自我防盗意识松懈的话那明显就不是明智之举了。

我举疾病和犯罪这两个例子的原因是这些是在浪游路上

最容易防范的不幸遭遇。比如，通过好好休息（即使这要你比你计划的旅行节奏慢一些）你就可以很轻松地保持健康，喝瓶装或过滤水，让自己干干净净的（包括在每餐饭前习惯洗手）。当然旅行前的防疫也很关键，但是预防疾病也应该是你日常习惯的一部分，尤其是在事关你如何吃的这件事上。确实，敢于吃异域食物（比如煮羊眼、炸棕榈树蛆、羊肉杂碎布丁）应该是你探险计划的组成部分，但是肠胃疾病不应该包括在内。讨论如何对待食物有个很好的标准——来自殖民地时期一句古老的口号：“如果这东西能烹调，能水煮，能去皮，你就能吃它，否则，别碰。”在餐馆或者食品摊前吃饭时，多看看围着很多顾客的摊位（这永远是好吃的保证），还有那些长相健康的员工。在欠发达国家时，确保你吃的任何肉都是经过好好烹调的，要小心牛奶（可能没有加热杀菌）、牛肉（可能不是牛肉）、多叶沙拉（很可能没有被干净水清洗）和贝壳等。避免饮用非纯净水（包括冰）。你也要好好检查下你的瓶装水的封装有没有坏（若有，那意味着那瓶水是从垃圾堆里淘出来，重新灌了自来水的）。

当你第一次旅行时，不要吃奇怪的食物或者打乱常规饮食吃得太少。无论你的饮食偏好（比如素食主义）如何，都应该确保你在均衡饮食，保证一定量的水果、蔬菜、谷物和蛋白质摄入。如果你胆子不够大，或者你对某些地区的食品不感冒，记得自己带维生素补充剂。时不时让自己回归“西方”食物，但记旅行中的欢乐包括困难、疲惫甚至危险的事。如果一个人总能确信他能到达终点，有马匹在前方等着自己，睡有软床，餐有佳肴，以及所有其他在家里享受的方便舒适的话，那样的旅行还有什么魅力可言呢！现代生活一件颇为不幸的事情就是人们渴望突发的惊喜，但所有探险之事都已缺失殆尽。一切都被安排好了。

——泰奥菲尔·戈蒂耶《西班牙漫游》(*Wanderings in Spain*)

住，就算某餐馆有英语的菜单，提供披萨、三明治或者“美式”早餐并不意味着就更健康（或更干净或更好吃）。

在印度普世卡尔，我曾经在一家“专营”印度菜、墨西哥菜、智利菜、意大利菜、希腊菜和以色列菜的餐馆吃饭，随后我的肠胃就出了问题，这可不是简单的巧合。

在异国，肠胃会面临的所有风险里，紧要避免的就是腹泻，这不仅可能由食物不干净引发，也有很大可能是饮食和气候变化导致。应对“旅行者腹泻”最好的方式就是要多喝水，保持水分，多吃温和食物（如米饭、面包、奶酪），直到病体有所改善。任何一种疾病若超过好几天，去看看当地医生或者去开点药也不会太麻烦。大多数医生对当地的疾病症状都很熟悉，他们会给你开些药治好你（当然，一个装着创可贴、防腐剂、止痛药和个人药物的小急救包都应该是你旅行的常用装备）。如果你的病越来越重，赶紧去大城市的大医院住院治疗。

有旅行者的地方就有犯罪和骗局，通常来说，他们不比你在家乡遇到的骚扰更危险。避免被盗需要有防范意识。比如，很多骗局都在指南书中有所描述，所以，当你去一个新地方前好好读书（旅行者间的口口相传也是防范骗局的好方式）。

但是，不管你去哪，一些基本的预防措施总会对你有帮助。对新手而言，不要在路上携带昂贵或无法替代的东西，也不要炫耀你有多少钱。把现金和旅行支票放在隐秘的位置（可放现金的腰带、一只袜子或者暗兜里），小心公众场合让人分心的事物和密集人群，这是小偷最习惯下手的地方。在旅馆或客房住宿时，把多余的钱放进保险柜里（写一个项目收据单和旅馆服务员确认，最后取出来时确保所有寄存物都在里面）。

在游客区，对那些强硬的新“朋友”要警觉，他们总是坚持带你免费购物或观光旅游。别被当地人或旅行者的快钱骗局骗了。这种骗局包括宝石或者毛毯出口、免税品零售、汇率差或者毒品交易，这都是些有年头的骗局了。喝醉了在晚上不要乱逛，也不要让嗅觉灵敏的当地人知道你刚来他们国家才几天（骗子轻易就把你当成目标，最好撒个谎说你来了一个月了）。对骗局有警惕心，但不要过度反应，陷入膝跳反应般的被害妄想（这在哪里都能毁掉你的旅行）；相反，在旅行中培养简单、本能的勤奋习惯。比如，我这本书就是在泰国南部一个安静的旅馆写的，但我离开房间时总会关门。我觉得保持谨慎的习惯比总是试着去猜到底是不是安全要容易得多。

我们没有理由不信任我们的世界，因为它不是与我们对立的。如果有恐怖的话，它们就是我们的恐怖；如果有深渊，那些深渊也是属于我们的；如果危险在手，那我们必须努力爱他们……我们怎么能忘记，那些古老神话中在最后一刻变为公主的恶龙；也许我们生命中的所有恶龙都是公主，只等着看到曾经美丽而勇敢的我们。

——赖内·马利亚·里尔克

《给青年诗人的信》(*Letters to a Young Poet*)

当然，尽管防范和勤奋能帮你不少忙，但在路上可没有完全保险的方法。要是疾病或犯罪找上你了，最好的应对就是谦卑地接受并将此视为人生探险的一部分。“只要我们认识到并无条件地接受生命，生命就没有其他强加的原则”，亨利·米勒写道：“我们否认、诋毁或鄙视的一切，都将在最后打败我们。如果用开放心态去面对，那些原本丑陋、疼痛、邪恶的东西都能变成美丽、快乐和力量的来源。如果能做到这些，每时每刻都是黄金时刻。”

一旦能在遇到快乐事和糟心事时都有如此看法，你就能发现和探索你自己身上全新的未知领域。

无论短期还是长期，探险可能是会让你微笑的任何经历（你也许这会儿没在笑，但如果活下来了，你会笑的）。我追求的不是肾上腺素飙升的经历，我最好的探险可能对别人来说相当无聊。通常意外是状况成就了探险，而不是某个地方或者某种行动。

——里瑟·施然桑，35岁，北冰洋劳工，爱达华州

探险就是拓展你的边界。它更像个过程而不是件事，它需要很多艰苦努力，是旅行而不是结果。有时这需要去很多旅行者不去的地方。有时要很艰难地过一天到最后才有好事发生。找到神秘的地点会让你的所有努力都值得。

——查尔斯·斯通，25岁，学生，加利福尼亚

生活就是探险。旅行就是去不同的地点探险。“寻找，就寻见”，这不是如此状况下适用的格言。探险有自己的方式找到人，有些人会比其他人更能探险。

——温迪·兰厄姆，42岁，记者，英格兰

要寻求探险更确切的定义能引发很多难忘的旅行经历。不能和公牛赛跑？不能横穿撒哈拉沙漠？那就试着做做吓人的小事吧：和陌生人交朋友，和本地人聊天。对新的可能性开放心态。你老远跑来体验的文化将会回报给你不一样的体验，探险过后好好养晒伤和被蛇咬的伤，你将有一辈子的朋友，他们文化的点滴都将织成你生命的绣帷。

——詹姆斯·乌尔里希，34岁，作家和编辑，西雅图

浪游的先锋女性

旅行者有权将最不得体的事也做得光明正大。这就是旅行的魅力所在。

——伊莎贝拉·露西·博德

《日本秘境》(*Unbeaten Tracks in Japan*)

从历史上看，探险旅行大多被视为专属于糙男人的事，从理查德·波顿到厄尼斯特·沙克尔顿到埃德蒙·希拉里。但回顾过去250年的旅游简史，你会发现历史上很多无畏和富有洞见的探险者都是女性。

玛丽·沃斯通克拉夫特（Mary Wollstonecraft）、伊莎贝拉·露西·博德（Isabella Lucy Bird）、亚历山卓·大卫·尼尔（Alexandra David Neel）、玛丽·金斯利（Mary Kingsley）、芙蕾雅·斯塔克（Freya Stark）、富朗斯·特洛普（Frances Trollope）、亚美利亚·爱德华（Amelia Edwards）、埃梅里·哈恩（Emily Hahn）、艾达·菲佛（Ida Pfeiffer）、罗塞塔·福布斯（Rosita Forbes）、露丝·维尔德·兰茵（Rose Wilder Lane）、丽贝卡·韦斯特（Rebecca West）和玛莎·戈尔洪（Martha Gellhorn）都因为她们各自的探险经历而被世人所知。她们的长途旅行远至阿拉伯半岛、北极圈、非洲和美国边疆。

这些女性不仅粉碎了探险必须要有发达的肌肉和男子气概的刻板印象，还将探险带入了人际交往以及日常未知事物之中。伊莎贝尔·艾伯哈特（Isabelle Eberhardt），在19世纪就探索了北美大陆，她对这些女性先锋浪游者的逻辑做出总结：“认为一个人应该固守在一个地方这样懦夫般的信仰让人想起顺从的动物、被劳役搞昏头的驮兽，他们永远愿意背上套子生活。每个领域都有限制，驾驭每个有组织的力量都有法规。但是游民拥有的土地远无边界，她的帝国无可触碰，她用精神之物来统治与享乐。”

第四部分

旅行长跑

第八章：保持真实

虔诚和顺从，属于喜好这样的人，

我就是那个对众人、对国家笑骂逼迫的家伙，

高喊着，要你们从座位里跳出来，为你们的生命去斗争！

你是谁，只想别人对你说你以前就知道的事？

你是谁，只想要一本跟你一起胡说八道的书？

——沃尔特·惠特曼

《在蓝色的安大略湖畔》(*By Blue Ontario's Shore*)

尽管如今被认为是最伟大的古代文明遗迹之一，但直到19世纪中期法国旅行者开始探索柬埔寨后吴哥窟才被西方世界所知。和流行的看法相反，巨大的使人畏惧的高棉人废墟最早并不是被亨利·穆奥发现并记录的。一个名为夏尔·艾米尔·布

意孚的法国牧师在1850年就发现了这处遗址。布意孚神父有着严格的训练，他似乎被古石头城中那些骄奢淫逸的雕像和“异教的”图形的景象吓到了。布意孚在巴黎出版他战战兢兢的观察报告一年后，穆奥撞进了吴哥窟。他并不是通过信仰之眼（他是自然主义者）来看这座古老城市的，好奇的眼神才是发现这个景观的重要依靠。当穆奥最终出版他的旅行手记时，公众对吴哥窟的感情和他一样，从那之后吴哥窟就成为了考古学爱好者和众多人的朝圣之地。

再复述这个故事时，很容易就把布意孚神父描写成一个虔诚的傻子，但我们大多数人在自己旅行时也会犯下同样的错误。就如同充满成见的法国牧师那样，我们更倾向于靠着家里形成的琐碎偏见看我们周遭的事物，而不是看事物本来的样子。“比起抓住影像的不同和新奇之处，把一个影像套用在之前的影像之上对我们的眼睛更容易，”弗里德里希·尼采写道，“对耳朵来说，听新音乐既困难又难受，所以我们认为奇特的音乐很差劲。”不像布意孚，如果错过了旅途中的发现，我们不会丢掉我们在历史书上的位置。但是，即使在个体层面上，在旅途中不要只看事物，而要看事物的本原仍然很重要。

在路上“看”和“看见”的区别经常被归结成两个词：游客和旅行者。按照这种区别，旅行者是那些能真正“看见”周边的人，而游客只是在“看”表面景点。游客还被认为缺少深度和品味，他们的追求被认为既不真实又反人性；而对旅行者来说，旅行的妙用就是用现实去规划想象，不是要凭空想象事物是什么样，而是亲眼看到它们到底是什么样。

——萨缪尔·约翰逊

《萨缪尔·约翰逊逸闻》(*Anecdotes of Samuel Johnson*)

他们的旅行追求就是既要有十足兴趣又享受参与，完全是游客的对立面。过去差不多有一个世纪的时间，批评者和旅行作家用了一整本的格言警句区分游客和旅行者之间的对比。

英国作家切斯特顿在20世纪20年代写道："旅行者看到的是他所看到的，游客看的是他想来看的。"

美国历史学家丹尼尔·布尔斯廷在1961年认为："旅行者很主动，他费力去找人，去探险，去体验。游客是被动的，他期待有趣的事情找上他。"

美国旅行作家保罗·索鲁20年前说"游客不知道他们去过哪里，旅行者不知道他们去哪儿。"

皮科·艾尔在2000年的时候写道："旅行者是那些把假想留在家里的人，游客则带着假想上路。"

这些当然都是敏锐的观察，但他们无形之中让人们误解了真正想传达的观念。确实，我们已熟知我们嘲笑的游客和我们想成为的旅行者这两者间的修辞区别，这种区别变成了社交上的实践而不再是实际的旅行经验。有一次，我在埃及的达哈卜与一个英国人聊天，他谈起“游客”时充满轻蔑。“他们都直飞到沙姆沙伊赫（达哈卜附近一个豪华的度假村）然后把时间花在奢侈酒店里”，他说，“他们也可能坐上空调大巴看看西奈山，但除此之外，他们就和在家里一样——做个日光浴后吃披萨。他们当中没有人真正在体验埃及。”我同意这样的旅行落下了很多值得去做的事，但这个人说的越多，我越感觉他会发觉自己有什么不一样呢？在四个月的旅行里，他花了三个半月住在达哈卜的茅草小屋里，大部分时间在潜水以及和其他旅行者一起嗑药。在他和那些沙姆沙伊赫的“游客”之间，我唯一能看出的生活方式差异就是他吃沙拉三明治，戴棋盘一样的阿拉伯头巾，每天靠8美元生活而不是200美元。

我提起这事不是谴责这个人的生活方式，而是指出游客/旅行者的区分已经恶化成类似时尚两分法那样的小团体用语

大多数人都活在世界上，而不是生活在世界里，对与世界有关的认识都无法同情共感——集中，分散，固执于自身就如同抛光的大理石一样，彼此接触但互不相关。

——约翰·穆尔

《约翰·穆尔的蛮荒世界》（*The Wilderness World of John Muir*）

了。不去寻找真正的旅行需要的挑战，我们可以简单指出一些刻板印象里的“游客”，对他们的花销开几个玩笑，然后假定我们自己是“旅行者”。

现实生活里，旅行从来不是社交竞赛，浪游也从来没有在游客/旅行者的高低阶层里代表过某种地位。根据情况不同，真实的浪游者可以在不同时候被称为旅行者或游客，朝圣者或好色之徒，胜利者或受害者，独立的探寻者或追寻大众品味的跟随者。确实，幻想从游客中区分开旅行者，最终会以不能令人信服的假定内行和外行结束。在时尚空虚的标准里，内行和外行是必需的，但在旅行的范畴里（从定义上看，在外国土地上你永远是客人），区分内行外行是可笑的。充满自信和高不可攀的姿态可以让你在家乡的夜店比赛里赢一分，但是在路上的装腔作势只会贬低你的旅行经历。

不要担心你到底是游客还是旅行者，在路上“体验”周边的秘诀就是简简单单，保持真实。

表面上看，这个主张简单至极。“身在，心在。”一个有点傻的格言这么说，简单的“在”那不应该是很难的任务。问题是，我们当中很少人“在”我们在的地方：不是在体验当下或一天的真实世界，我们的头脑和灵魂都在别处，对过去或未来迷恋，焦躁和幻想其他情形下的故事和事故。在家的时候，这是一种对付日常无聊生活的方法，在路上，这种方法肯定会让你错过见识世界的经历。

这就是浪游不能和简单的假期混淆的原因，假期的唯一目标就是逃离。脑子里有逃离、度假的人倾向让自己的假期能解决什么事，让他们的经历配得上自己的期待；浪游路上，长久的心理准备会让你知道，那些可预测和不可预测的，开心和不开心的都是不可分割的而且是一样的现实。当然，你可以试着让浪游遵从你的想象，但这个策略和旅游毫不相干。从这个意义上讲，浪游最多不过是重新发现现实而已。

对我来说，我旅行不是要去哪里，而是要出发。旅行就是旅行的原因。最大的事就是动身，去更贴切地去感受生活的需要和连接，离开文明的羽绒床，踏着脚下燧石嶙峋的花岗岩，找寻世界。

——罗伯特·路易斯·史蒂文森

《骑驴漫游记》(*Travels with a Donkey in the Cévennes*)

这样，当最初的几天旅行拉长成几周和几个月时，你应该放弃你旅行前的刻板印象，将之替换成对鲜活的人、鲜活的地方和鲜活生活的双向期待。这个过程是打破你对旅行那静止如明信片般的想象、进入厚重真实生活的唯一方法。这样，在旅程中“看见”就像是灵魂的锻炼：不是找寻有趣环境的过程，而是无论周遭什么环境都保持兴趣十足。

在很多方面，拥抱现实很可怕，不只是因为危险还因为现实是复杂多样的。因此，直面现实最好的方法不是用固定的解读方法（让你只能识别你已经知道的式样）而是用真实开放的心态。

当然培养开放心态也有挑战，在你甚至还没离开家门时，开放心态就可能把你搞糊涂了。比如当我旅行到中东时，曾经遇到过一位加拿大女士。她刚去了位于大马士革城外沙漠高山之中的天主教修道院。她不仅很享受这三天的旅行，还告诉我她坚守了“自由思考的原则”，坚定地拒绝了僧侣对她加入日常教堂服务的提议。莫名其妙的是这种态度让我觉得有点偏执。在国教徒有众多约束的加拿大小城亚伯达，拒绝去教堂可以说是自由的标志，但是作为隔绝的叙利亚修道院的客人（你费了九牛二虎之力才能去拜访），拒绝去教堂不仅思想狭隘，简直可以说是粗鲁无礼。重要的是要记住，那些在本国用文化开放心态说得通的事并不完全能在旅途上照搬适用。确实，你可能住在唐人街，伴着尼日利亚费拉·库蒂的音乐跳舞，穿的是马来围裙，练习澳大利亚土著乐器迪吉里杜管，和爱沙尼亚裔美国人约会，在纽约吃超辣的墨西哥菜，但这并不意味着你知道中国、尼日利亚、泰国、澳大利亚、爱沙尼亚或者墨西哥的人们如何生活、如何思考。

有趣的是，最早妨碍开放心态的原因之一不是无知而是意识形态。这在美国尤其如此（尤其是在“进步”圈里），我们将奢侈，就是慵懒的无知。

——勒鲁瓦·琼斯《政论诗篇》(*Political Poem*)

开放心态政治化到无法称其为开放心态的地步。确实，无论你是左倾还是右倾，如果用政治作为看待世界的镜头的话，你什么新鲜事也学不到。在家里，政治信仰是你在社区做事的工具，而在路上，政治信仰是一副笨拙的眼罩，促使你去为你已经得出的结论寻找证据。

这并不是说抱有政治信仰有错，而是政治通常都会把事物缩小到尽可能小，小到可以观察，而世界是无限复杂的。过于依靠你的意识形态，你将错过政治无法言说的微妙现实。你也会错过从那些世界观和你不同的人身上学习的机会。如果一个日本女大学生告诉你找个好老公比女性独立更重要，这种想法并没有对抗你的世界观，而是给你机会去看她的世界观。如果一个巴拉圭理发师坚持独裁比民主更好的观点，你听他说完也可以设身处地学到一些东西。开放心态是个倾听和思考的过程，压抑住你判断对错、好坏、合适不合适的冲动，用忍耐和耐心去看事情本来的面目。

讽刺的是，另一个阻挡我们认清现实的事正是最初启发我们上路的理想主义。在旅行白日梦里，我们把自己带到坚信会比在家里见到的更漂亮、更纯粹、更简单的地方。当这些想象的画面并没有出现在旅途中时，我们会倾向于继续做白日梦而不是完全投入现实。在某些故事里，比如在第6章讨论的“民族旅游”村庄，我们忽视那些不符合我们想象的前现代故事细节（蓝色牛仔裤或手机）来蒙蔽现实。其他的事例还有，我们旅行中的天真乐观让我们最终蔑视我们曾经理想化的文化。曾有一次，在釜山生活时，我遇到很多教师移居海外是要“体验另一种文化”，当他们发现韩国文化是彻头彻尾的残酷竞争和工作狂时就变得满是怨恨。这些人是在“体验另一种文化”，但当他们发现亚洲社会和他们自己国家一样狂热和没有人情味的时候，他们被短视的理想主义反噬。这样，任何试图找到“另一个”的理想化找寻都有潜在失望的危险，这个世界上“另一个”地方很可能和家里一样。

但是，就好像怀疑主义不能和犬儒主义搞混那样，拥抱现实也没必要和悲观主义搞混。一个让旅行者陷入悲观主义强有力的压力是认为现代影响正在摧毁美好的原始社会，或者某些文化在不是特别久远的过去更加“真实”。根据这个假设，任何社会，库那人或贝都因人或马赛族在20年前都比现在好，那会儿还没有被“惯坏”。当然，这样反推的悲观主义忽略的是，社会永远在变动，“传统”是个动态的现象。旅游学者戴维德·格林伍德写道：“旅游业的衡量不能在静态背景下完成。有些我们看到的摧毁其实是建设。有些事没有其他可选的结果；

不真实的，永不成真；真实的，未曾虚妄。于智者，真理不言自明。

——《薄伽梵歌》

有些则是不同做法选择的后果。”

除此之外，我们对前现代文化里的改变之恶的大部分担忧都不是对本地生活质量的兴趣，而是我们对“未污染”文化的向往。就像人类学家克劳德·列维施特劳斯指出的，哀悼昨天的纯粹会让我们错过今日的真正活力。“当我抱怨只能看到过去的影子时”，他在《忧郁的热带》中写道：“我对当下正在成形的现实并不敏感……自此之后几百年，在同一个地方，另一个旅行者，如同我一样绝望，将会哀悼我曾经看到事物的消亡，但他却没有看到。”

因此，去体验一种文化最纯净的方式就是简单接受和体验它现在的样子，即使你不得不忍受哈萨克斯坦的卫星电视、马拉维的网吧以及伯利兹的快餐连锁店。

就好像托马斯·莫顿在他的印度之行中被问到，他是否看到了“真正的亚洲”？他反驳说：“我看到的都是真实的。”

最后一个值得一提的麻木现实的过程是在路上找乐子。当然在你旅途的任意时刻都可以享受快乐，但我特指的是快乐的根基活动：聚会（partying）。的确，如果你不偶尔花时间放松，不再拘谨，开始认识新朋友的话，你的旅程会很不好玩。事实上，当你第一次上路，你也许会一直参加聚会停不下来，因为聚会的人都很好，又很便宜，聚会地点也很完美。

但是过上几个星期，你会发现在路上聚会和在家里聚会不一样。在家里，聚会是庆祝周末或者暂停工作的方式；在路上，每天都是周末，每个瞬间都是工作世界的休息。因此，每晚都聚会成习惯的话（这很容易发生，因为旅行者在世界任何地方闲逛），你会错过不同地方的微妙之处，旅行变得缺乏创造力，这将自己困在家里的样板里。确实，聚会过程你足够快乐，但如果你到世界各地旅行只是为了享受在家里同样能享受的东西，你的浪游经历将大打折扣。

更重要的是，化学兴奋让你从旅行途中完全自然的兴奋中分心。毕竟，在俄亥俄州代顿市的无聊的下午吸两口能来点

通常我去世界上遥远的地区是要提醒自己到底是谁……从日常环境中剥离，离开朋友，常规生活，离开满是食物的冰箱，满是衣物的衣橱，被迫投入到直接体验中。如此直接的体验不可避免地让你知道自己是谁，体验为何。这个过程并不舒服，但却是自我焕发的过程。

——迈克尔·克莱顿《旅行》（*Travels*）

劲，但在印度尼西亚多巴湖边苏门答腊的海滩上、尼泊尔的山谷盆地里或者在巴塔哥尼亚高原的沙漠中，真的需要这些吗？

记住这句话，在你旅行时，努力做“毒品”，耐心拥抱那粗犷刺激个人感观无需介质的现实，这个体验比任何沉迷物都更深刻。

对社会负责的旅行

时不时地，“负责任的旅行”这个概念就会被环保旅行市场营销人士和政治煽动家们劫持。幸运的是，负责任的旅行不需要你成为绿色旅游的代言人，也不需要你成为尖叫的激进人士。实际上，有责任心的浪游只需要你在旅行途中有意识就够了。在所有关于生态和文化可持续上的言论中，很少有人真正理解这些概念。学习科学而不是政治，在你缓步漫游世界时这就是最好的决策准备。

浪游心声

不要为了逃离某处而旅行。旅行是为了让你不管在哪都能安心睡觉。如果你对自己在哪或干什么不开心的话，换地方或者放弃旅行回家都是可以的。

——伊曼·基隆，31岁，作家，英格兰

旅者时不时地都为自己能避开游客区而感到自豪。要知道每个大的旅游景点有名是有原因的。确实，成群结队的游客蜂拥而至，随之而来的还有俗气的纪念品以及被炒高的价格。但努力成为能超越这些的旅者，看到这个地方最初吸引人的地方。你旅行的这个年代世界上已经很少有还未被发现的地方了。找到一个完美隔绝的地点会是个挑战，但是完美的经历或与当地更多维度的联系将引领出更丰富的体验。

——艾伦·阿森西奥，33岁，市场和广告，科罗拉多州

假设你决定像梦里那样搬家去加勒比海地区环游列岛，或者在坦桑尼亚塞伦盖蒂草原狩猎。这将是神奇和难忘的经历，你应该去做这些。但有一个时刻总会到来，无论是三周还是三个月之后，你会发现自己喝不动另一杯冰镇果汁朗姆酒，给一个红屁股的狒狒拍照也再不能让你提起兴致。这天总会来的。自我批判和恐慌常常就在这个时刻袭来。但这就是我一直以来想要的啊！我怎么能厌倦了呢？天哪，我该拿自己怎么办啊？别崩溃，也没必要心急如焚。劳苦工作很长时间之后低落一下，这对所有高效率的人都很正常。你越聪明、越有目标，这些内生的痛苦就越难熬。别害怕那些现实的或社会的挑战。自由就好像一场新运动。刚开始，完全的新奇让你对事情能一直保持兴奋。但一旦你知道了这些基本道理，就会发现少做点工作很简单。要用生活填满空虚才是困难的，最终你会发现，找到快乐是比简单的工作狂需要更多思考的。但别崩溃。那才是你所有的奖励。

——蒂姆·菲利斯，38岁，作家，圣佛朗西斯科

艾德·布林
(Ed Buryr)

浪游的“危险”来自它开拓了你的眼界——让你发现世界本来的样子。

——艾德·布林《在欧洲和北非浪游》

20世纪70年代的时候，过量的反正统文化把杰克·凯鲁亚克在路上的狂喜体验拉低为自我沉迷的讽刺漫画，对每日浪游者来说，艾德·布林标新立异的旅行指南拯救了独立旅行。布林的《在欧洲和北非浪游》和《在美国浪游》两本书把启发和实打实的建议混在一起，让一代旅行者无视当时流行的陈词滥调，直接上路寻求简单的快乐。

布林出生在波兰移民家庭，在新泽西和佛罗里达长大，一生从事过水手、职业摄影师、出版人、作家、编辑、设计师和诗人等职业。

在《在欧洲和北非浪游》里，布林强调长时间的旅行并不专属于反叛者和神秘主义者，也对所有愿意拥抱现实质感的人开放："我们身体都有个地方渴求兴奋敏锐、享受怪癖、想展望一下人生。从这就生出了催化动力，没有这些所有其他必需品就变得什么用也没有。这些作为必要条件对每天的生活帮助都不亚于偶像。那个为自己出发的人并不是英雄，甚至也谈不上是离经叛道，只是他们知道，旅行是为了放大生命的极限，他或者她都在独立思考和行动。浪游解放了他潜在的冲动，让他更靠近生活的边缘。"

第九章：要有创意

旅行是有创意的行为——不只是让灵魂放松，还要借助每一处新的奇迹供养你的想象力，记住，然后前行……最好的风景，无论是浓墨重彩还是轻描淡写，如果你耐心学习都能发现惊喜之处，并在你随后的生活之中回味不已。

——保罗·索鲁《直到世界尽头》

这些年在无数的犯罪电影里，主演的目标就是去偷让人心动的一大笔钱（100万美元永远是个很好的数目），然后潜逃到世界上某个安静的角落，比如赤道上的某个天堂国家。带着战利品成功到达远方的香格里拉通常都是幸福结局必要的组成部分，但没有什么电影是讲之后发生什么的。这里的意思就是一大笔钱和一个赤道国家藏身处是个人幸福的理想组成部分，没有什么比坐在那喝朗姆酒更好的生活了，这样的生活要一直延续到死神找上门来。

当然，电影里很多事都类似，这个情景也是逃跑桥段的老套路了。确实，拿上一些不是抢来的钱，比如五千块吧，去危地马拉、希腊或者果阿安静又便宜的海滩看看有什么事发生。很可能你钱还没花完，就对整日坐在那里喝可可油的热情就用完了。这不是因为这些地方的热带沙滩很无趣（恰恰相反，他们是世界上最美和最受欢迎的景点），而是因为大多数人认为的“天堂”都是和家里的压力对比定义得来的。几个月时间没压力，在海滩上不做事闲逛很难带来激情和尊重。

当然，很少有浪游者把他们的旅行局限在一个沙滩上；但关键是仍然坐在家里是不能梦想出最好的旅行方案的。在你计划旅行时好似天堂的地方，无论是白沙海滩、人类学奇迹还是异域的纺织市场，在几周或几个月旅行之后都会平淡无奇。而且，在去这些地方的路上会发生太多事，你很可能已经不再有最初的浪游动力。当新体验和洞见带你前往新方向时，你逐渐会明白为什么浪游者坚持认为旅程本身比任何目的地都要更重要。

实际上，旅途上时不时要你面临的简直是铺天盖地的选择。在我第一次横穿亚洲的旅行中，最有压力的瞬间不是体力或者情绪创伤，而是在《曼谷邮报》上读到打折旅游广告时。我发现，到达东半球的任何大地方，都可以从泰国出发，旅资却

眼界超脱掌控，视野无需定局，
明日再度上路，便是新的旅途。

——A.R.安蒙斯《克森斯水湾》(*Corsons Inlet*)

不到400美元。两天之内(不花大钱)我就可以身处巴黎、贝鲁特、墨尔本、东京、开普敦或者巴厘岛，开始一段和我在泰国开始的完全不同而又惊奇的新探险。当我那晚在考山路登记客房入驻时，我都睡不着了。来东南亚这个选择是对的吗？我不是一直想去澳大利亚吗？去非洲探险会不会更狂野点？欧洲是不是更浪漫？

回顾过去，我发觉自己的压力不是源于优柔寡断，而是我不可能同时出现在所有想去的地方。当得知如此多的目的地都如此便宜时，我突然害怕再也没有机会看到他们。我开始意识到旅行就是个比喻，不仅是为无数的生命选择，选择其中一个就把你缩小到那个目标的各种参数之中。最终，我学会不再把我的旅行看成是看世界的大结局，而是按照自身的条件去享受旅行。我学会聚焦自己的旅行能量，将之释放在最直接的周围环境之中，我最终把一年的亚洲逗留时间延长到了30个月。

我得补充下，我仍然没去过澳大利亚，非洲大部分地方也没有去，但在亚洲的探索给了我耐心和信心，我知道我终归能看到这些地方的。

如此一来，浪游就不是犯罪片里的逃离，而更像耐心又漫无目的的旅程，实际上更类似于澳大利亚土著人所说的“丛林流浪”。文化上看，丛林流浪是说土著人离开工作一段时间，回归本来的生活方式。但是，在更广和更神秘的层面上看，当生活的责任和义务让一个人丢失了自我本真的轨道时，丛林流浪就扮演了治疗的功能。为了修整，人只需要把所有他拥有的（只保留生存必需品）抛在脑后，然后开始前行。丛林流浪吸引人的地方是它没有物质的目标：继续前行直到人感觉到再次完整。

我只是和土著人的神秘主义做个类比，可不是建议浪游的目的是成为完人。毕竟，完整意味着封闭，浪游是个持续寻找新事物的过程。但当你环游世界时，你可以恢复和发现你自己精神和情绪上从未意识到的部分。当你这样做的时候，你也把自己的习惯、偏见甚至心的一部分留在了过去。当然，在路上要在寻找自

强人并无必要成为最杰出的旅行者；反而是那些在工作中自得其乐的人笑到最后；正如猎人所说：“猎犬的速度取决于它的鼻子。”

——弗兰西斯·高顿《旅行的艺术》（*The Art of Travel*）

我和丢失自我之间找平衡也是一门颇难掌握的功课。

当你上路很长时间后，创造力就变得尤其重要，因为这时你难免会陷入路上各种常规节奏之中。睡觉、吃饭、读书、社交、闲逛，这些行为都成为了你每天的固定动作。这很好（毕竟常规让每天生活更高效），但要小心不要让每天或者目的地都一起模糊掉。一旦这开始发生，一旦你觉得你被长时间拖垮了，那就是时候让你的旅行多样化了。

你的选择将取决于你一直是怎么旅行的。如果你一直在城市里生活，也许去乡下看看是个不错的选择；如果你大部分时间在乡下，那就试试城市生活的滋味；如果你一直一个人旅行，那就试着找个伴；如果你一直和同伴旅行，那就分开一段时间；如果你一直都没怎么玩，那就租条小船，在适合的地方报个潜水班，或者学学攀岩；如果你一直在玩，也许就是时候放空脑子没有特定目标去闲逛。

有时候没那么精打细算也没啥大不了，让自己吃顿好的或者在豪华酒店里住一晚上，只为看看其他人是怎样旅行的。其

听着：我们在地球上就是要无所事事的。别让人瞎忽悠！

——库尔特·冯内古特 《时震》（*Timequake*）

他时候，花钱参加一个当地的跟团游也会对你独立旅行节奏产生很有趣（也是很讽刺的娱乐）的改变。偶尔当你觉得你见了太多当地乡土特色，或许也想有点家乡的味道。我在孟买最罪恶的快感就来自于在美国风格的餐馆吃完汉堡之后在大屏幕上看电影《神探俏娇娃》（接下来一天，我看了一场四小时的宝莱坞音乐剧，试图搞明白印度语情节也是同样欢乐的）。

有种方式一定能让旅行变得不太可预测，那就是偶尔购买或即兴选择交通工具。在老挝，我和其他旅行者合伙买了艘渔船，乘着渔船顺湄公河过了肾上腺素飙升的三周。在缅甸曼德勒买了一辆中国造的单速自行车，往南骑了十天时间，然后用它换了一手掌珍珠。在立陶宛，我在维尔纽斯的路边搭车，三天之后发现我已在四个国家之外（到了匈牙利）。在以色列，我根本没搭乘交通工具，用耶稣的方式步行横穿加利利。在这些难忘的经历之外，完成每项探险都几乎没让我花什么钱。我仍然试着用其他经典的方式实现自我移位，比如在澳大利亚开二手车，在阿根廷骑马，在摩洛哥骑骆驼，在印度开一辆刚下组装线的恩菲尔德摩托车。

无论怎么旅行或在哪儿旅行，在那里待了两天、两个月或者两年之后，你对一个地方的体验都将显著不同。大多数的地方你都只有几天的体验时间，但是旅行并不意味着你时时刻刻就得移动。“那你还怎么看世界？”赫尔曼·麦尔维尔的书《白鲸》（*Moby-dick*）中的人物法勒船长嘲笑说“你看不到你现在所处位置的世界吗？”有这样的心态，我建议在你旅途之中选个地方住下来待几周或几个月，好好认识下这个地方。

你选择的这个地方在哪里完全由你决定。也许你会在梦想的地方停留，也许你会走到一个地方（或者遇见一个人）发现你深陷爱情，也许就凭着直觉选定。在两年半的东方旅行里，我在曼谷、里加（拉脱维亚首都）、开罗和普什卡（印度）都待了三周或更多的时间。我在这些地方停留的原因并不总是那么愉悦的（比如在普什卡，我就是因为肠胃病休息）；但是每段经历因为我身处其中而变得有意义。“在游荡的时候，你体验了神秘自然的过程”，约瑟夫·坎贝尔说，“就好像树在生长。它不知道接下来往哪生长。一根树枝可以这样生长也可以那样生长。当你回头看时，你会发现这是很自然的发展”。这样，你会经常发现你在一个地方停留的决定就是你持续探索的开花过程。

一旦找到了对你来说特殊的地方待上几周或几个月，实际上你的选择是无穷多的，你无需一个明确的计划。“旅行有更深层次的原因，潜意识促使腹部骚动”，杰夫·格林瓦尔德在

人们说你必须旅行才能看到世界。有时我想如果你就待在一个地方，睁大眼睛，你能看到你能掌控的一切。

——保罗·奥斯特《烟》（*Smoke*）

《为佛祖购物》(*Shopping for Buddhas*)里写道:“我们去我们需要去的地方,试着搞明白我们在那里干啥。”刚开始的时候,你也许在一个地方停留只是想慢下来,混下日子,修整好后再去旅行。如果你想读点什么,那就架个吊床,然后在一堆书里畅游吧。如果有烹饪、画画、音乐、冥想这样的爱好,你可以用这段时间在一个异域新场景中发展这样的兴趣。

如果想更投入社交,你也许要在你选择的城镇里四处晃荡,搞明白这个地方的人是怎么工作的,房子是怎么建的,饭是怎么做的,庄稼是怎么种的(有时候你还会被邀请加入其中)。在这个过程中,加入快乐的公众活动能让你结识当地朋友,比如足球赛、西洋双陆棋比赛,或者下午的鸡尾酒会。通过简单调整每日的习惯节奏,你还能意外地学到当地风俗、宗教或者当地的价值观。但如果这种无指向的好奇心不符合你的定位,还有更多方式让你去体验目的地。比如,很多地方都提供当地班(如泰式按摩、意大利烹饪、印度瑜伽、阿根廷探戈),参加语言班也是让你沉浸在当地文化当中的好方法。

工作是你旅行中另一种加深体验的方法。旅途中,你很少能找到让你挣到很多钱的工作,但你至少能挣到打平日常生活的钱,同时还能遇到有趣的人,感受到独一无二的体验。在路上教英语是流行(也容易找)的工作,但是也有很多选择,很多都是体力劳动或者旅游服务业有关的工作。比如农场工作就是在新西兰很常见的旅行工作。在法国收割水果也是季节性的如果你真想了解一个国家，到那工作。

——查尔斯·库拉特《一辈子在路上》（*A Life on the Road*）

工作选择。在以色列基布兹集体农场的劳动（通常是农庄或工厂）是历史悠久的旅行者打工选择。在有很多游客的旅游区，找到酒店或度假村的工作也是有大把机会。当然这些工作都不是那么光鲜，但是这能让你挣到钱的同时用一种新角度看待世界上某些地方。我在耶路撒冷的晚上做酒吧促销时，虽没能挣很多钱，但把传单递给那些不感兴趣的路人的若干小时里让我学到了谦卑，也丰富了我在这个城市里的体验。尽管这样的工作不需要在你开始旅行时就准备好，有一些杂志如《海外转型》[1]就有很多这方面的资讯。

如果你对挣钱不很在意的话，志愿工作就是了解一个地方另一种非常不错而又不贵的方式。当我横穿北美时，所有密西西比河的游客景点都没有我在坎顿城外参加的那几天志愿活

[1]《海外转型》（*Transitions Abroad*）是一本关于国外学习、生活、工作和旅游的杂志。

动更难忘，那几天我都在为一所房屋修建项目拉水泥。这样的志愿活动可以是你旅行过程中偶尔发现的（比如，你遇到的社区恰好需要运用你的医学、木工或英语技能）。从建造中美洲萨尔瓦多的灌溉系统到在西藏教计算机技能，这些志愿工作都能通过当地的中介、宗教团体或非政府扶助机构等正规渠道获得。无论你选择如何贡献你的技能，试着对自己诚实，根据个人感召去做而不是出于模糊的责任感或政治目的。毕竟志愿工作是件很严肃的事，如果动机不纯的话，你不仅帮不上忙还会伤害到别人。

找志愿工作要耐心，做志愿工作要谦卑。大多数时候，某些地区的志愿者能从数量众多的课程中学到很多东西。这就是为什么志愿工作不仅对社会有用也对个人有用，因为志愿工作将让你看到令人惊奇的现实，进而影响你的价值观。“学习基本原则，有时学到人和人之间无法沟通的文化和历史分歧是很重要的”，旅行作家、前和平团成员杰弗里·泰勒说，“人不能哄骗自己说大家都一样活着，最终都是全球大家庭的成员。”确实，承认分歧以及避免肤浅的解决方式不仅是志愿工作有价值的一课，通常来说，这还是你寻求问题解决的第一步。

无论你选择如何丰富你在一地的经历，不管是建造娱乐中心、收葡萄，还是在当地咖啡馆参加象棋选拔赛，永远挑战自己尝试新事物并保持学习的能力。

这样，你会发现你不仅在探索新地方，还在为人生经历描刚开始我们旅行是为了迷失自我；接下来我们旅行是为了找到自我。我们旅行是为了开阔心胸，开阔眼界，比从书报上能承载的更多了解世界。我们身无所负旅行世界，带着知识与无知，来到世界上那异样繁华之地。旅行，从根本上说就是重新变成年轻的傻瓜——时间变慢，全力投入，再爱一次。

——皮科·艾尔《我们为什么旅行》

绘新篇章，这是你在家无论如何也想象不了的，这些经历更丰富也更复杂。

无论旅行到哪里，我们都特别留心可能的志愿工作。在秘鲁和孩子们一起做课外项目，在老挝和高中学生一起练英文，在大象保护区里做志愿工作，这些时光让我们超越自我，与人们相遇，同时也参与到地方社区活动之中。

——安·凡·罗恩，43岁，教师，西雅图

从农庄到山林小屋，从带早餐的旅馆到背包客旅馆，很多地方都欢迎旅行者帮忙来换取住宿和餐点。短时间的“客人”仅仅需要投入一点劳动就能得到大把体验当地文化的机会。因为农业的季节性属性，在农场里帮忙捞干草，在葡萄园里摘葡萄或者在果园里摘蓝莓都是在海外用小预算度过一个夏天的好方法。农业、动物看护、划船和木工的技能在世界很多地方都有需要。除了攒钱之外，能和当地人一起生活，加入到他们日常生活之中，也让付出很值得。

——詹姆斯·乌尔里希，34岁，作家和编辑，西雅图

旅行开阔了我的眼界，让我认识到任何事，无论是长久的海岛假期还是彻头彻尾的疯狂粗野生活都触手可及。在旅行途中我遇到了无数有着各种经历的人，比如那些在巴厘岛或者泰国或者希腊住了好几年的人，或者在土耳其和南美教书的人。旅行越多，见到的旅行者越多，这意味着新选择持续浮现。结果就是，我的脑袋一直在享受着100种不同可能性的快乐。

——拉维纳·斯伯丁，43岁，作家和教师，旧金山

来自伊斯兰治世的浪游者

我确实已经实现此世的渴望，那就是旅行世界（赞美神）。

——伊本·巴图塔

尽管很多人都乐于把浪游视为西方发达世界的消遣，但是数百年来，长时间旅游一直都是东方的艺术。确实，最生动的浪游人物大都来自10世纪到15世纪，当时伊斯兰帝国从大西洋的直布罗陀海的格力斯之柱到东南亚的马来亚群岛，所以他们能顺利平安地旅行。

除了伊本·巴图塔是最受欢迎的阿拉伯旅行者以外（见第

六章)，来自西班牙的伊本·助巴亚(Ibn Jubayr)和来自耶路撒冷的艾尔木卡达斯(al-Muqaddasi)同样也游荡到了伊斯兰世界的边边角角，一路上做老师、律师、叫卖小贩、书籍装订工、造纸匠、商人、信使和朝圣者来体验生活(和挣些路费)。这些浪游者中并不是所有人都是穆斯林：在伊斯兰治世时期一位最高产的旅行者是来自图多拉的本杰明，这位西班牙拉比在12世纪的探险把他带到了遥远的中国西部边境。

在《黄金草原》(*The Meadows of Gold*)这本书里，10世纪的地理学者马苏德(al-Masudi)描述了那个年代游荡者渴望的多样化经历："那些安守家中灶台旁对自己生活区域里信息很满意的人，和那些把生命分散在不同大陆上、花时间去旅行寻找宝贵又原始知识的人是不在一个水平上的。"

第十章：精神成长

人们说我们都在找寻生命的意义。我不认为那是我们真正在找的。我认为我们在找的是活着的体验。

——约瑟夫·坎贝尔《神话力》(*The Power of Myth*)

第二章里古老的埃及旷野神父还有另外一个故事。在这个故事里，一名叫矮子约翰（圣若望）的僧侣，有一天他认为修道院的杂事太多了，这和他的精神追求不一样。“我想不受任何照看”，他对神父忏悔说，“就好像天使从不工作，但却可以一刻不停地和上帝沟通。”穿起长袍，拿上食物，矮子约翰就跑向了荒野。大概一周之后，某天半夜，住持听到了修道院门口一个虚弱的敲门声。“谁啊？”住持问。“是我，你的兄弟矮子约翰。”门口传来温顺的回答。“你一定搞错了，”神父没有开门，挖苦般地回应，“因为矮子约翰变成了天使，再也不在人间生活了。”第二天早上，神父打开修道院大门发现贫困潦倒的矮子约翰蜷缩在那里。“啊，看起来你还是个人啊！”神父说道，“你一定是又需要工作才能生活的吧。”

在错误想法指引下逃避现实，只为寻求顿悟的真谛，矮子约翰不是历史上第一个精神上的傻子，也肯定不是最后一个。确实，现代的旅行大体声名不好，充斥着这样半吊子的精神愚弄，很多漫游者都把简单的异国情调和神秘启示混为一谈。在印度寻找当月大师的人和在圣地患上“耶路撒冷综合征”的疯子，都是在漫长的自我沉迷的“神秘主义”旅行传统里部分旅行者惟妙惟肖的形象刻画。

幸运的是，追求精神升华并不需要你穿上长袍和丧失心智。毕竟，我们知道个人旅行不是探险或商业的历史产物，而是朝圣的产物，是对个人发现和成长的非政治、非物质请求。确实，无论你是否把自己的浪游旅程看成是“精神上的”——自我驱动的旅行一直都和个人灵魂塑造缠绕在一起。

但在更简单的层面，升华后的精神意识正是你选择抛下物质世界、花一段时间在路上的自然结果。因为宝藏在那里，你的心也在那里，而你选择用时间和经历（而不是更多事物）丰富生命总会让你的精神受益。说到底旅行是另一种形式的禁欲主义，用凯瑟琳·诺瑞诗的话说：“旅行就是一种向穷困生活投降的方式，如此提升了个人。通过反抗社会那强大又驱使我们从各个方面看，世界都更狂野，更危险，更苦涩，更放肆以及更明亮。在应放欢尽酒时，我们在蝇营取利，在需要惹麻烦、收获狂欢喜悦时，我们却在种番茄。

——安妮·迪勒 《汀克溪的朝圣者》(*Pilgrim at Tinker Creek*)

忘记的力量，这种看似极端的方式让你明确知道你是谁，你是什么，你在哪里。”

就这样，旅行驱使你通过简单的舍弃发现自己的精神一面：没有了在家里的日程，抛开常规和身外之物带给你生活的意义，你被迫内观，寻找自己的意义。就好像矮子约翰必须“为了生活而工作”，这个精神的探寻也不总是无忧无虑的。确实，如果旅行是帮助你“发现自己”，那是因为它让你无从藏躲，把你从准备好的回答和鸡肋般的舒适区拉出来，迫使你活在当下。在这个流逝的瞬间，你来即兴发挥，去和真正原生的你相处。

这个过程听上去平淡无奇，实际却无比实用，实际上它是经受过时间考验的精神传统。毕竟，耶稣教导说向超脱尘俗的领域寻求启示是无用的，因为“神的国在你心里”。释迦牟尼悟道不是像神秘的宇宙大爆炸，而是一一拆解那受到制约的人格。希伯来传统的传道书坚信“活着的狗强过死去的狮子”，因为神在意的是你现在做的事。伊斯兰教相信神圣永远和世俗分不开，世界本身就需要有精神课程教给世人。

当然，即使在学习旅行的精神课程，你也并不总能分享或表达你的经历。宗教传统给了我们一些词汇和比喻去描述精神领域，但是语言是符号，符号永远不能和每个人都产生共鸣。很多人把杰克·凯鲁亚克的《在路上》当做世俗社会对速度和自由的庆祝，但对凯鲁亚克来说，这本书是精神日记。"这真的是一个关于两个天主教小资在祖国游荡寻找神的故事。"他在1961年写给卡罗尔·布朗的信里写道："我们找到他了。我在天上找到他，在旧金山的市场街上找到他，迪安一路上都在让神冒汗。"当然，传统天主教徒可能会质疑凯鲁亚克对神的性格描述，但这个争议更多是语义上的而不是启发意义上的。

通常，获得精神灵性的最好方法不是靠字典或某种模式。在路上，寻求生活里精神方面的人和他们决定加入健身馆是一样的：他们想要答案，而且想很快得到答案。所以，印度的瑜伽

我们应该了解的不是演说，我们该了解演说家。
我们应该了解的不是眼前的事物，我们该了解观察者。
我们应该了解的不是听到的声音，我们该了解的是聆听者。
我们应该了解的不是思想正见，我们该了解的是思想者。

——《奥义书》

我们必须穷尽一切方法，假设自己的存在尽可能宽广。每件事，甚至前所未闻的事，都有可能发生。这是我们需要的最低限度勇气：勇敢面对最陌生，最奇特，最无法解释的遭遇的勇气。

——赖内·马利亚·里尔克《给青年诗人的信》

营、泰国的冥想招待会，以及在加利利面向寻找即时精神满足的度假者售卖（字面和比喻含义）的福音团队游会卖得这么好。实际上，你在瓦拉纳西的小巷里游荡迷失，或者忍着腹泻坐在曼谷到万伦的小公共汽车上，抑或在拿撒勒广场上和孩子们一起游戏，体悟到的真谛顿悟是一样多的。更重要的是，精神灵性是个随季节变化持续的过程，那些“被光所蒙蔽”的环游世界的人们经常看不见围绕在身边的光。

某种程度上，精神表达需要开放和现实，这与浪游在本质上所需一致，尤其是在文化不一样的地方（不仅能在遥远的拉萨或里希凯什找到，也能在近东的耶路撒冷疆界或阿索斯山找到）。“没有神只有现实”，据说这是一个有名的苏菲派的谚语，虽然听起来有些亵渎神灵，但这并不是没有信仰的公告。相反，这是要避免将启发变为迷信，将传统变成教条，永远不要把精神的疆域缩小到你自己的认知、偏见和理想这些狭小边境上。

确实，如果旅行了足够长时间，你会发现你的精神启发不可避免地局限在日常之中。约书亚·盖思勒，一位我在印度遇到的美国音乐家，有一个很棒的精神探索。尽管约书亚最初去印度旅行是为了音乐和神秘传统，他的理想主义是最初阻碍他成长为音乐家的原因。在他和印度长笛大师上的头几次课时，他只会询问音乐的神秘面。但是，约书亚在电邮里对我说，老练的教师总是把课程带回到挑战他演奏艺术的技巧上来：

“讲讲檀增[1]吧”，我会问，“他真的可以用他的声音点火吗？”

大师面带微笑，答：“当你可以用火柴的时候，为什么要唱拉格[2]呢？”

最后，约书亚明白了长笛大师对实用性的偏重，他对苦练技术的信仰提升了他在演奏音乐时表达真正精神灵性的能力。

最终，在旅行的时候发现神圣不是抽象的请求更像是一种认知，既不需要盲目的信仰也不需要怀揣盲目怀疑的程式彻底明白。

更经常发生的事是，旅行时最非凡的体验往往出现在你找不到你最初的希望之时。《雪豹》(*The Snow Leopard*)这本书里(这被很多人认为是20世纪最好的旅行书)，对彼得·马蒂森

---

[1]Tansen，16世纪印度Akabar国王宫廷中最伟大的音乐家。

[2]在印度、孟加拉国和巴基斯坦的古典音乐中，拉格是一种即兴创作和作曲的旋律框架。

不管你是谁！运动和反照是特别为了你，
神圣的船只为了你而在神圣的海上航行。
不管你是谁！是男是女，大地是为了你才成为固体或液体的，
太阳和月亮高悬空中是为了你这个男人或女人，
现在和过去不是为了别人，是为了你，
不朽不是为了别人，是为了你。

——沃尔特·惠特曼

《转动着的大地之歌》[1]（*A Song of the Rolling Earth*）

自己的喜马拉雅探险过程中从没见过雪豹这个事实带有讽刺的快乐意味。就这样，被剥夺了高潮瞬间，马蒂森将我们带进了他旅行的简单本质：“寻常的奇迹——朋友在傍晚的低语，用肮脏的杜松生起的火，粗糙单一的食物，艰难和简单，每次只做一件事的满足：当我拿起我的蓝锡杯，那就是我要做的。”

开始旅行时，你也许看不到这样看起来很平凡的细节里的精神重要性。毕竟，一次旅程就是一次短暂偏航，它承诺的“普通奇迹”也没有多少奖赏。

直到你自己认识到生命本身就是一种旅行。

---

[1]沃尔特·惠特曼：《草叶集》，赵萝蕤译，重庆出版社，2008。

浪游心声

对我来说，旅游就代表狂喜。我说的"狂喜"不是简单的极度开心或快乐，可比这多多了。狂喜的希腊文是ekstasis，最初的意思是"站在一个人的外面；移动到别处"。这就是旅行在身体和哲学层面的双面性。当我离开佛罗里达去亚洲时，我不仅离开了一个地理地点，也离开了环境、常规，和那些告诉我我是谁的人。这挺吓人的，但特别自由。

——德里克·奥斯，28岁，声音演员，佛罗里达

旅行会挑战你那因陈腐的假设和惯性累积而成的习惯。它将撼动你那无聊的旧生活，让你感受到每滴雨点，仔细品尝每一口杧果的味道。它将再次启发你，点燃那要摇曳欲熄的创造

力光辉，直到新的想法开始沸腾冒泡，喷薄欲出。它将唤起你孩童时对世界的感觉。

——杰西卡·尤拉斯科，31岁，设计师，密歇根州

我发觉旅行就是精神生活的最好比喻……我更喜欢按照字面意思这样生活。这些年我从去过的国家得到的知识和经验，如果不回馈点什么那真是犯罪了。在对某次旅行大致做好预算之后，我会把平时收入的10%拿出来作为即将的旅行基金，姑且就叫“旅行什一税”好了。在那次旅行中，如果我遇到有人或家庭有特殊的需要，有时还有那些我认为不错的团体或组织，我会把这笔钱给他们。作为基督徒，我相信我也只是地球上一个“朝圣者和旅行者”而已。

——亚当·李，44岁，教师，明尼苏达

浪游档案

安妮·迪拉德

（Annie Dillard）

你在不在意，美丽和优雅都在那里。你至少应该努力身临其境。

——安妮·迪拉德《汀克溪的朝圣者》

自称“有神学背景的游荡者，嗜好古怪事实”，安妮·迪拉德透过自然透镜查找精神灵性的疆域。

1945年出生在匹兹堡，那时她叫安妮·多客。迪拉德过的是塞林格式的童年生活。她喜欢在显微镜下研究自己的尿液，在父亲的鼓励下阅读《在路上》（她父亲也曾辞掉工作顺着密西西比河旅行）。迪拉德25岁时得了一场肺炎差点死了，在那之后她决定要更全面地体验生命，她花了一年时间独自生活在弗吉尼亚的森林里。描写这段经历的书《汀克溪的朝圣者》（她将基督教精神灵性和大自然的古怪观察融合在一起）荣获1974年普利策奖。

在书里，迪拉德指出对世界的好奇是精神发现的起点，反过来也一样："我们知道，至少对新手来说：我们在这里，无可争辩。这是我们的人生，这是我们发光发亮的季节，然后我们死去。同时，在这段时间里，我们观察。突然我们就清楚地看清了一切，阻碍我们的被移除，我们努力让五彩世界变得有意义，试图要发现我们到底在无可争辩的哪个地方。这是常识：你搬进来的时候，总要学会和邻居相处。"

第五部分

回家

第十一章：如故事般生活

环游了世界！喊出这句话能激发太多自豪感；但周游世界带来了什么？我们只有通过无尽的危险考验后回到原点，那些我们抛诸脑后的一切，其实一切都在眼前。

——赫曼·梅尔维尔《白鲸》

在浪游路上的所有探险和挑战里，最困难的决定可能是回家。

在某种层面上，回家很无聊。因为这意味着你在路上享受的所有有趣、自由、奇妙相遇的终结。但在不那么明显的层面上，体验过海外的鲜活后回家也会觉得奇怪和不能安分的。家里的每一处都和你离开时差不多，但感觉却已完全不同。

为了让这个回家的体验更讲得通，人们经常引用T.S.艾略特的《小吉丁》：

我们将不会终止我们的探寻，

我们所有的探寻的终结，

将来到我们出发的地点，

而且将第一次真正认识这个地点。[1]

听起来韵味十足，第一次“真正认识”你的家意味着你在应该很熟悉的地方却像陌生人。

刚开始，你会享受重新发现家里的方方面面，这些都是你在远方土地想念的：长久地泡个热水澡；用杜比音效看最新的电影；在最喜欢的饭馆和闲逛地吃饭喝酒。但放纵几天后，你开始有一种“想家”的奇特感觉……想上路。

老朋友在这方面是一点忙都帮不上的，你的旅行经历改变了生活，你的朋友很难体会，因为他们并没有上路。你可能能和一个在赞比亚认识两小时的浪游旅伴分享你的灵魂，却没有可能和家乡的密友共同就你的浪游探险之旅产生些许的共鸣。

美国浪游者杰森·加斯佩罗对这种不一致做出了生动描述，他给我写邮件说：“我在旅行中经历最困难的事情之一就

[1]《四个四重奏》，裘小龙译，漓江出版社，1985年。

是向老朋友和旧相识展示我在路上经历了什么：我怎么和一个爪哇异装癖打起来、和梭鱼一起游泳、就着米饭吃辣热狗。他们都会瞪大眼睛摆出惊讶的表情。当我讲完这些故事，他们基本没什么回应。'哇'，他们会用虚假的热情回应说。接下来他们会告诉我在家乡小酒吧发生了什么，他们和大学认识的萨利又勾搭上了。原本以为我在离家的日子里错过了很多，但这些重逢让我认识到我已经是不同的人了。"

类似的相遇会让你明白为什么旅行永远应该是自我驱动的事。你已尽可能尝试，但旅行的社交回报就是比不上个人发现。所以以后当你分享路上的经历时，记住故事要短，把最好的部分留给自己。"我发誓我知道怎么才能说出更好的（故事）"，沃尔特·惠特曼写道，"那就是永远不要说最棒的部分。"

更重要的是，生活在故事里比讲故事更重要。确实，你的浪游经历是沙滩上的城堡，你回到家就会被水冲去。如果旅行真的是过程而非目的地，是对新鲜事物保持敏锐，充满好奇，那么任一时刻都可以被称为旅行。"那些经常激发我们旅行动机的事物，即使就在我们眼皮底下，也常常被我们无视或忽视掉"，小普林尼在将近两千年前就这么写道。出于如此考虑，重要的是要记住你的浪游态度不是由你方便开关自如的事。相反，浪游态度是可持续自发的过程，即使你旅行结束打开背包回家调整也同样适用。毕竟，离开自己熟悉的生活上路在你的生活系统里很少能成行，所以解决回家最好的良药就是让旅行成为你系统的一部分。

这种态度的即时回报就是它把你家和世界联系起来。你会发现，你的旅行唤醒了你，也唤醒了你身体里的世界。路上讲不通的经历和观察随着你再一次回到家庭社区生活将突然清晰可见。在你去过的地方发生的国际新闻将以个人的方式产生共鸣，你也会发现大众媒体对其他地方和文化如何只提供有限的视角。随着继续阅读、学习、思考你去过的地方，你会意识到你的旅行永远不会圆满结束。即使是在家里的孤独时光，你会感觉不那么像被隔绝的个体，而是一个连接远远近近、连接过去和未来更广大人群和地方的一分子。

至于"重新进入"你的家庭生活（搬回来、找工作、规律生活）的实际挑战，就好像进行新探险般直面它们。重新发现你的工作，做好工作。重新应用你的简单生活观，让它在空闲时间帮上忙。模仿那些你在旅途上遇到的人的样子。仔细想想你从他们身上学到了什么——好客，有趣，尊重，诚实——将这些吸纳到你自己的生活之中。从让你获取生动旅行经历里吸纳从容不迫的节奏和鲜活视角，在每日家庭时间表里留出空白时间。不要让那些你在路上战胜的恶习——恐惧、自私、虚荣、偏见、妒忌——爬回你的日常生活之中。探索你的家乡就好像它身处外国，和邻居互动就好像他们是风味十足的部落中人那样。保持真实，持续学习，保持有创造力，勇于探险。重新赢回你的全部自由，不要自我设限，保持简单并让精神成长。

但最重要的，要给你的梦想喘息的空间，努力生活。
因为你永远不会知道什么时候你又要有上路的冲动了。

走吧！大路在我们面前！

路是安全的——我已经试过——我的双脚曾经充分试验过——不要再迟疑！

把那张纸放在桌子上不要在上面书写，让那本书留在书架上不要去翻阅！

让工具留在车间！让钱留在那儿不要再挣！

让那学校开设在那里！不要去理睬老师的呼唤！

让那牧师在讲台上说教！让那律师在法庭上申辩，让那法官解释他的法律。

伙伴啊，我把手伸给你！

我给你的是比金钱宝贵得多的友爱，

我在说教和法律之前把我自己交给你，

你会把自己交给我吗？你愿意和我同行吗？

我们这一生能始终互相支持吗？

——沃尔特·惠特曼《大路歌》

可能对你有帮助的书

综合类：

Escape 101: The Four Secrets to Taking a Sabbatical or Career Break, by Dan Clements (Brain Ranch,2007,ebook and print)

Lonely Planet: The Career Break Book, by Joe Bindloss (Lonely Planet, 2004, print)

Unplugged: How to Disconnect from the Rat Race, by Nancy Whitney-Reiter (Sentient, 2008, print)

The Career Break Traveler's Handbook, by Jeffrey Jung (Full Flight Press, 2012, ebook and print)

Your Career Break: The 'How to' Guide, by Sue Hadden (AuthorHouse, 2013, ebook and print)

Gap Years for Grown Ups, by Susan Grifth (Crimson, 2011, print)

The 4-Hour Workweek, by Tim Ferriss (Harmony, 2009, ebook and print)

Head in the Clouds: The Location Independent Office, by Phil Byrne (Amazon, 2012, ebook)

Work Your Way Around the World: The Globetrotter's Bible, by Susan Grif th (Crimson, 2012, print)

Teaching English Abroad: A Fresh and Fully Up-to-Date Guide to Teaching English Around the World, by Susan Grifth (Crimson, 2009, print)

Travel Wise: How to Be Safe, Savvy and Secure Abroad, by Ray S. Leki

(Intercultural Press, 2008, ebook and print)

The World's Most Dangerous Places, by Robert Young Pelton (Collins Resource, 2003, print)

《瓦尔登湖》, 亨利·大卫·梭罗

Your Money or Your Life: Transforming Your Relationship with Money and Achieving Financial Independence, by Joe Domin-guez and Vicki Robin (Penguin USA, 2008, ebook and print)

Voluntary Simplicity: Toward a Way of Life That Is Out- wardly Simple, Inwardly Rich, by Duane Elgin (Quill, 1999, print)

The Simple Living Guide: A Sourcebook for Less Stressful, More Joyful Living, by Janet Luhrs (Broadway Books, 1997, print)

Less Is More: The Art of Voluntary Poverty-an Anthology of Ancient and Modern Voices Raised in Praise of Simplicity, edited by Goldian Vandenbroeck (Inner Traditions, 1996, print)

The Pocket Idiot's Guide to Living on a Budget, by Peter J. Sander and Jennifer Basye Sander (Alpha Books, 1999)

The Budget Kit: The Common Cents Money Management Workbook, by Judy Lawrence (Dearborn Trade, 2000)

The Complete Tightwad Gazette: Promoting Thrift as a Viable Alternative Lifestyle, by Amy Dacyczyn (Random House, 1999)

How to Get Out of Debt, Stay Out of Debt, and Live Prosper-ously, by Jerrold Mundis (Bantam, 2012, ebook and print)

Generation Debt: Take Control of Your Money, by Carmen Wong Ulrich (Business Plus, 2006, print)

Your Child Abroad: A Travel Health Guide, by Jane Wilson- Howarth, Matthew Ellis (Bradt Publications, 2005, print)

One Year Off: Leaving It All Behind for a Round-the-World Journey with Our Children, by David Elliot Cohen (Simon & Schuster, 1999, ebook and print)

Take Your Kids to Europe: How to Travel Safely (and Sanely) in Europe with Your Children, by Cynthia Harriman (Globe Pequot, 2007, ebook and print)

Family Travel: The Farther You Go, the Closer You Get, by Laura Manske (Travelers' Tales, 2000, print)

The Family Sabbatical Handbook: The Budget Guide to Living Abroad with Your Family, by Elisa Bernick (Intrepid Traveler, 2007, ebook and print)

WorldTrek: A Family Odyssey, by Russell and Carla Fisher (Rainbow Books, 2007, print)

指南书:

Lonely Planet Publications (www.lonelyplanet.com)

Moon Handbooks (moon.com)

Let's Go Publications (www.letsgo.com)

Footprint Handbooks (www.footprinttravelguides.com)

Rough Guides Travel (www.roughguides.com)

Frommer's Guides(www.frommers.com)

Rick Steves' Europe Guides (www.ricksteves.com)

Fodor's Guides (www.fodors.com)

The World's Cheapest Destinations: 21 Countries Where Your Money Is Worth a Fortune, by Tim Leffel

How to Travel the World on $50 a Day: Travel Cheaper, Longer, Smarter, by Matt Kepnes (Perigee, 2015, ebook and print)

The Rough Guide to First-Time Around The World, by Doug Lansky (Rough Guides, 2013, print)

World Party: The Rough Guide to the World's Best Festivals (Rough Guides, 2006, print)

The Practical Nomad: How to Travel Around the World, by Edward Hasbrouck (Avalon, 2011, print)

100 Countries, 5000 Ideas: Where to Go, When to Go, What to See, What to Do (National Geographic, 2011, print)

Culture Shock! Guidebooks (Graphic Arts Publishing)

Do's and Taboos Around the World: A Guide to International Behavior, by Roger Axtell (John Wiley & Sons, 1993, ebook and print)

Multicultural Manners: Essential Rules of Etiquette for the 21st Century, by Norine Dresser (Wiley, 2005, ebook and print)

Going Dutch in Beijing: How to Behave Properly When Far Away from Home, by Mark McCrum (Holt, 2008, ebook and print)

Gestures: The Do's and Taboos of Body Language Around the World, by Roger E. Axtell (Wiley, 1997, ebook and print)

Gutsy Women: More Travel Tips and Wisdom for the Road, by Marybeth Bond (Travelers' Tales, 2007, print)

A Journey of One's Own: Uncommon Advice for the Inde- pendent Woman Traveler, by Thalia Zepatos (The Eighth Mountain Press, 2003, print)

Wanderlust and Lipstick: The Essential Guide for Women Traveling Solo, by Beth Whitman (Globe Trekker Press, 2007, ebook and print)

Safety and Security for Women Who Travel, by Sheila Swan, Peter Laufer (Travelers' Tales, 2004, print)

Women Travel: First-Hand Accounts from More Than 60 Countries, edited by Natania Jansz, Miranda Davies, Emma Drew (Rough Guides, 1999, print)

A Woman Alone: Travel Tales from Around the Globe, edited by Faith Conlon, Ingrid Emerick, Christina Henry de Tessan (Seal Press, 2001, print)

CDC Health Information for International Travel, edited by Gary W. Brunette, M.D., M.P.H. (Oxford University Press, 2013, ebook and print)

Shitting Pretty: How to Stay Clean and Healthy While Traveling, by Jane Wilson-Howarth (Travelers' Tales, 2000, print)

Where There is No Doctor, by David Werner, Carol Thu- man, Jane Maxwell

The Ethical Travel Guide: Your Passport to Exciting Alter- native Holidays, by Polly Pattullo and Orely Minelli (Routledge, 2006, print)

Native Tours: The Anthropology of Travel and Tourism, by Erve Chambers (Waveland Press, 2009, ebook and print)

在海外工作和志愿服务相关书籍:

How to Live Your Dream of Volunteering Overseas, by Joseph ***Collins, Stefano Dezerega, Zahara Heckscher, Anna Lappe*** (Penguin USA, 2001, ebook and print)

Volunteer Vacations: Short-Term Adventures That Will Benefit You and Others, by Bill McMillon, Doug Cutchins (Chicago Review Press, 2006, ebook and print)

The Insider's Guide to the Peace Corps: What to Know Be- fore You Go, by Dillon Banerjee (Ten Speed Press, 2009, ebook and print)

The Back Door Guide to Short-Term Job Adventures: Internships, Summer Jobs, Seasonal Work, Volunteer Vacations, and Transitions Abroad, by Michael Landes (Ten Speed Press, 2005, print)

Work Your Way Around the World, 14th Edition: A Fresh and Fully Up-to-Date Guide for the Modern Working Traveller, by Susan Griffith (Crimson, 2009, print)

旅行写作类:

The Norton Book of Travel, edited by Paul Fussell (Norton, 1987, print)

Marco Polo Didn't Go There: Stories and Revelations from One Decade as a Postmodern Travel Writer, by Rolf Potts (Travelers' Tales, 2008, ebook and print)

The Best American Travel Writing (Mariner, annual) Annual collection of the year's best travel stories.

Video Night in Kathmandu: And Other Reports from the Not- So-Far East,

by Pico Iyer (Random House, 1989, ebook and print)

My Kind of Place: Travel Stories from a Woman Who's Been Everywhere, by Susan Orlean (Random House, 2005, ebook, print, audio)

The Tao of Travel: Enlightenments from Lives on the Road, by Paul Theroux (Mariner, 2012, ebook and print)

Jaguars Ripped My Flesh, by Tim Cahill (Vintage, 1996, ebook and print)

The Best Women's Travel Writing: True Stories from Around the World (Travelers' Tales, annual, ebook and print)

Writing Away: A Creative Guide to Awakening the Journal- Writing Traveler, by Lavinia Spalding (Travelers' Tales, 2009, ebook and print)

Leaves of Grass, by Walt Whitman (1855; Bantam Classics, 1983 reprint)

The Snow Leopard, by Peter Matthiessen (1978; Penguin USA, 1996 reprint)

Pilgrim at Tinker Creek, by Annie Dillard (1974; Harper Perennial, 1998 reprint)

The Road Within: True Stories of Life on the Road, edited by Sean O'Reilly, James O'Reilly, and Tim O'Reilly (Travel- ers' Tales, 1997)

Art of Pilgrimage: The Seeker's Guide to Making Travel Sacred, by Phil Cousineau (Conari Press, 1998)

The Way of the Traveler: Making Every Trip a Journey of Self-Discovery, by Joseph Dispenza (Avalon Travel Publishing, 1999)

One Thousand Roads to Mecca: Ten Centuries of Travelers Writing About the Muslim Pilgrimage, edited by Mi- chael Wolfe (Grove Press, 1999)

Tao Te Ching: A New English Version, translated by Ste- phen Mitchell (Harper Perennial, 1992)

The Upanishads, translated by Juan Mascaro (Viking Press, 1965)

鸣谢

本书由约尼·雷登（比尔·詹金斯也帮了大忙）提议写作，他在我的网站上发现了书的基本大纲，并用极大热情促使本书开花结果。在本书提议，协助和写作启发方面，萨拉·简·佛雷曼、琳达·艾兰德、杰夫·乐步、简·里奥、凯瑟琳·维瑟尔和凯蒂·楚格都用各自的方式帮了大忙。迈克·马勒特值得特书一笔，因为他杰出的互联网协助能力太强了。至于唐·乔治，他给了我在沙龙网站上证明自己的黄金机会。深爱爱丽丝·波茨，感谢她的耐心，感谢教我阅读的大姐姐克里斯汀·凡·塔瑟儿，这么多年修改我的作品，对我讲的每个笑话都大笑。最后，发自内心的感谢我在旅途中遇到的每个人，包括旅行者和在地主人，感谢你们的慷慨，陪伴和感情洋溢。没有你们，浪游会大打折扣。

关于作者

洛夫·帕兹用他做庭院设计和ESL老师挣到的钱支撑起最早期的浪游。如今他是一名记者和旅行作家，为超过70个国家的媒体写作，包括《户外》《国家地理旅行者》《纽约客》《体育画报》《大西洋月刊》、Slate、国家广播电台和旅行频道。

rolfpotts.com